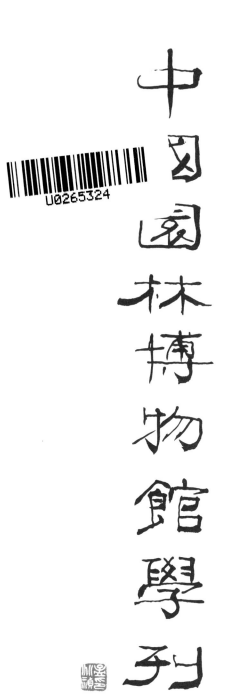

Journal of the Museum of
Chinese Gardens and
Landscape Architecture

中国园林博物馆 　主编

中国建筑工业出版社

04

2017/2

目 录

藏品研究

展览陈列

科普教育

综合资讯

园林与人居环境
——吴良镛院士访谈录

吴良镛：中国科学院院士、中国工程院院士，清华大学建筑学院教授，建筑与城市研究所所长、人居环境科学研究中心主任，著名建筑学家与城市规划学家、教育家，风景园林学科的创始人，人居环境科学的创建者，先后获得世界人居奖、国际建筑师协会屈米奖、亚洲建筑师协会金奖、陈嘉庚科学奖、中国风景园林学会终身成就奖特别奖以及美、法、俄等国授予的多个荣誉称号。曾任中国城市规划学会理事长，荣获2011年度国家最高科学技术奖等。起草《北京宪章》、出版《人居环境科学导论》、《中国人居史》、《建筑·城市·人居环境》等专著，主持中国大百科全书建筑、风景园林、城乡规划卷的编写。

采访人：吴先生，您作为中国园林学科的发起人和人居环境学科的创建人，首先想请您谈谈园林和城市人居环境的看法。

吴良镛：城市的构成当然脱离不了人工环境的塑造，公路、铁路、桥梁、建筑、河道等等这些多种多样的东西，但城市的构成中除了这部分人工环境外，它还必须要与自然环境相结合，而且是坐落在一个更大范围的自然环境之中。园林就是这个自然环境里面比较精粹的、可以引人入胜的一个特殊环境，园林与城市二者是相互依存的一个整体。

1948年梁思成先生推荐我到美国匡溪艺术学院学习，沙里宁先生讲"城市的改善和进一步的发展显然应该从居住环境的问题入手"。学习期间参观过哈佛大学的设计学院，了解到美国城市美化运动、国家公园、州立公园对人居环境发挥的巨大作用。参观了芝加哥滨湖园林带、波士顿翡翠项链及风景区。考察了田纳西州TVA区域规划与新城发展。归国前在旧金山见到园林专家Thomas D. Church，他是《园林为城市服务》的作者。他带我看他的工程项目，考察了旧金山海湾区风景区，留下了深刻的印象。也就是因为这个经历，1950年回国后在北京建设局园林委员会工作期间，大家都感到园林对于城市发展太重要，于是与汪菊渊先生一拍即合，非常有激情地决定共同促成北京农业大学和清华大学合作创办园林专业。

1972年，联合国在斯德哥尔摩召开"人类环境"大会，113个国家代表和有关团体参加了会议。这是人类历史上第一次将环境问题纳入世界各国政府和国际政治议程，会议最终就人类必须保护环境达成共识，发表了"人类环境宣言"。1976年联合国在温哥华召开"人类居住"大会提出可持续发展理念。1992年联合国在里约热内卢召开了"地球高峰会议"，公布了"里约环境与发展宣言"、"21世纪议程"，环境可持续发展得到了最广泛的、最高级别的承诺。其中一项"人类住区环境建设"提出8个要点将建筑的观念放宽了，于是开始思考"人居环境科学"的创建。1993年应中国科学院技术科学部主任之邀做"中国要向人居环境进军"的学术报告，得到科学界的肯定。1995年11月"清华大学人居环境研究中心"成立，同时着手写《人居环境科学导论》。1999年6月，国际建筑师协会在北京召开第20届世界建筑师大会，由我作为科学委员会的主席负责筹备并做"世纪之交展望建筑学的未来"主旨报告，提出完整建筑学要跟和谐社会共同创造。另一项核心工作就是起草《北京宣言》，提出面临的问题与挑战，需要走向"广义建筑学"，将建筑、园林、城市规划作为整体看待，将"人居环境"的思想明确在宪章中提出，获得与会代表一致赞同。2001年《人居环境科学导论》正式出版，经过几十年的理论与实践探索，人居环境科学已经得到了科学界的认可。2011年获得的国家最高科技奖评审意见中说"吴良镛院士是我国人居环境科学的创建者。他建立了以人居环境为核心的空间规划设计方法和实践模式，为实现有序空间和宜居环境的目标提供理论框架。人居环境科学是研究人类聚落及其环境的相互关系与发展规律的科学，发展了整合建筑学、城乡规划学、风景园林学等核心学科的方法；针对实践，提出区域协调论、有机更新论、地域建筑论。组织科学共同体,发挥各学科优势;成功开展了从区域、城市到建筑、园林等多尺度类型的规划设计研究与实践。"城市规划建设要满足它的本位要求,就是以人为本的一个居住生活环境,最根本的就是自然和人工要协调。在人和自然的生活里能够得到和谐,得到一个好的环境,我们现在叫宜居条件。这里面园林是功不可没的,这个园林,不是说你种的花草才叫园林,就是小到灌木丛,大到一片森林,它都是这个园林的系统,园林也要有园林的广义的概念,我们要把园林的观点再走到生态的观念。现在需要建设怎样的自然环境,使得人居住得比较舒适、宜居,得到安全,这就要靠我们把人居环境这个概念不断地宣传下去。

采访人: 您认为城市化过程中需要注意哪些问题?

吴良镛: 一个城市,不仅仅是北京,因为人口越来越多,城市也变大,城市边缘要扩张,常常就把绿地或者公共部分占去了,原来划作绿地的部分就被占用了。城市是要发展的,因为人口增多了,其他事业的发展应该是成比例地来提高,但是有一点是不会错的,就是自然部分、公共绿地部分要扩大。2004年我是这么主张的,今天仍是这么主张。

党的十八大提出来一个很好的说法叫"美丽中国"。"美丽中国"是现在的新词,传统的或以前的说法叫"锦绣神州"。神州代表中华大地,是一个统称,到处有美丽的山山水水,有很多风景名胜区。随着城市化的推进,农村人口走进城市,或者农村城镇化,如果不珍惜大自然环境,就有可能走上反面,就不是美丽中国了。城镇除了保持它的自然特征以外,还包含很多历史人文特征,例如黄鹤楼、岳阳楼、滕王阁等等,是一个代表,这个代表要有一个大的自然环境作背景,中国历史上叫作"形胜",就是胜地。过去中国的志书里要把形胜列到里头,首先要把它标出来,代表一个地方人文背景。很多地方老宅子、老的街道,都有历史的背景。邯郸有一个回车巷,大家都知道蔺相如跟廉颇的故事,因为廉颇武功很大,气盛,蔺相如是一个文臣,在不足2米宽的窄巷相遇,蔺相如很谦虚地回车避让廉颇,后称"回车巷"。尽管回车巷这个巷子其貌不扬,有点小,但是这个历史的典故广为传播。还有邯郸学步的故事,就有了一个学步桥。北京也有很多胡同都有故事,北总布胡同就有梁思成、林徽因曾经住的院子。中国传统的文化在每个地方都有它的特色,有相关的传说,人们到这来,可以想到几千年的历史,有自然因素形成的,也有人工的因素,既有自然也有历史,这样丰富多彩的文化是很美的。

我们讲城镇化,不仅仅说是发展城市,甚至是发展大城市,另外一方面,就是发展小城镇。中国的县城跟村镇,仍然是一个非常关键的地区。明朝,在湘西盖了很多名镇,那是军镇,就是战争过去了,有些人要安定下来盖的军事据点,但它不只是军事据点,因为军队的家属都去了,农田兴旺起来了,水利也兴旺起来了,城镇人口也增多了,然后风俗习惯也都保留下来了,所以各个地方就有它的自然特色和人文

特色。这些地方,现在要保护起来多好,拆掉就是破坏,就是破坏历史。我以前去过很多非常美丽的山川,现在生怕那些地方无缘无故地被拆除了。我们把村镇叫作什么,它背后是有文化背景的,是中国几千年文化的一个积淀。农田也是这样,好的农田是几代人、若干代人,祖祖辈辈在这灌浇的汗水,把它凝结成的。传统的农村,不会在良田里头盖房子,它是在山边上、在丘陵地、在坡地,一点点地盖房子。好比潮州,它的农村的传统建筑,都在坡地上,而且也是相当密集的,而不是分散的、一组一组的。田是他们亲自开垦的,在更加平的地方,在相对低洼的地方,以前传统的老镇都是这样。那么现在呢,你看那新房子,在地里头东盖一个西盖一个,乱得很,将原有的建筑秩序给破坏了。所以人居环境就是要强调"山、水、林、田、湖"居住环境的整体保护,强调人与自然的和谐共生。我们北京周边的近山区,就是靠近山边这些地方,并不要多少花花草草,你把自然林木保护好,就是非常美的环境。我们现代人不知道把自然植被保护好,工程建设过程中,植被破坏了,也不修复,不做挡土墙或者也不种草,土壤非常容易被冲刷,造成自然灾害,如果树砍光了,再好的景色也没有了,这说明了人们的无知、愚蠢。

采访人: 吴先生,最后请您谈谈北京的城市总体规划。

吴良镛: 北京的总体规划我一直比较关心并参与了几次规划的编制与修订工作,同时清华大学也一直开展相关研究。1979年我们第一次提出将京津唐地区融为一体的规划构想。1980年清华城市规划教研组的研究成果"对北京城市总体规划的几点设想"发表。在讨论1983年版总体规划修编时指出"北京职能繁多,内容庞杂,只在建成区范围内打主意,螺蛳壳里做道场,总跳不出圈子,也解决不了根本问题。如果从大区域(华北、京津唐和北京市16800km²范围)来考虑,路子就宽了,也活了。"1996年4月在北京召开世界大城市国际会议,我认为有必要在世纪之交的转折变化中,特别正值经济结构调整的良机,就发展战略做整体思考,认真推进可持续发展的战略思考。北京的问题,还应该回到整体研究,才能找到出路。1997年,针对北京危房改造将危房与旧房混为一谈,开发加速导致旧城的破坏和远近郊土地的吞噬的问题,对北京市旧城控制性详细规划提出几点意见,明确反对过密开发。2002年出版《京津冀地区城乡空间发展规划研究》,2004年清华大学参与北京市总体规划修编(2004~2020年)的工作,新的空间战略在城市结构上不在主城里打转,寻找出"两轴两带多中心"的结构形式。2005年在北京市总体规划得到批准后的庆功会上,我做了"一个规划的诞生,是另一方面问题的开始"的发言,指出:在总体规划修编中还有好多事情没有做完。旧城"保护与发展"、"保护与复兴"刚有一个轮廓,一些重大问题,如中央办公区等,有待研究。第二是机场问题。同时,京津冀新的区域协作刚刚开始,需要进一步推动;大范围、大规模的城市建设需要发展"规划-建筑-园林"一体化的总体性的"城市设计";北京的特色与其

魅力的发挥，个体建筑起效甚微，关键在改变观念，改变方法，以更大的努力，追求"环境和谐"，保证大中小尺度的公共空间。简单地说，就是以更大的力量，尽更大的努力，认真地研究北京长期以来悬而未决的问题，推动城市科学的发展，以更高的质量进行首都的建设，成为"以人为本"的宜居城市。

2006年发表《京津冀地区城乡空间发展规划研究二期报告》，继续关注京津冀地区的变化，并持续跟踪研究。2013年《京津冀地区城乡空间发展规划研究第三期报告》提出谋划转变当前发展模式的共同政策和共同路径，提出共同缔造良好人居环境和和谐社会的具体建议。2017版总体规划很特殊，中央直接抓。作为首都的城市总体规划，要深入贯彻习近平总书记系列重要讲话精神和治国理政新理念、新思想和新战略。有了这样的要求就有了这次规划的大方针，意志更加坚定。这次北京城市总体规划编制强调规划瘦身，条理清晰，内容系统，针对首都功能优化提升、科学配置要素、历史文化名城保护、治理"大城市病"、京津冀协同发展等关键问题进行了安排，这一点值得其他城市借鉴。

这一版规划言简意赅、纲举目张、文清才美。规划继承了2004版规划的格局，经过减法、加法，以后北京的绿地会更多，空间布局会更有序，人居环境会更优化。总规不是一本书，而是纲领。新总规充分体现了治国理政新理念、新思想和新战略，北京是国家施政的核心地区，总体规划要体现国家政策以及相关政策安排，这次规划做到了这一点。北京规划的实施关涉中央事务与地方事务，从空间层次看，有国家的，有京津冀的，也有北京本身的。规划编制出来，在实施上要进一步考虑怎么分清楚责任和义务。北京总规将成为推进空间规划改革的示范，也是推进空间治理和城市治理能力现代化的有效举措。新版总规中充满着人文情怀和真挚情感，也体现了人文修养。新版总规提出，要加强历史文化名城保护，强化首都风范、古都风韵、时代风貌的城市特色。"首都风范"、"古都风韵"、"时代风貌"这些词都很美、很大气。讲到生态空间时，用了"山清水秀"这个词，这个词在以往的规划里并不常见。在一个城市的总体规划这样正式的文件里，用到"山清水秀"这样的文字显得十分优美，很有诗意。当然，优美的文字背后有核心的概念，也有最严厉的管理制度。作为首都，北京的城市规划注定会与国内其他城市不太一样，北京规划的复杂性来源于这种个性和共性的统一。北京新总规将成为推进空间规划改革的示范。

园林、规划与古都保护
——朱自煊先生访谈录

朱自煊：清华大学建筑学院教授。1946年成为清华大学建筑系第一班学生，毕业后留校任教。1951年与吴良镛、汪菊渊、陈有民等先生一起创办造园组，造园组成为我国最早的园林绿化专业。长期从事城市规划和城市设计方面的教学、理论研究和实践工作，在古城历史文化保护发展方面形成了自己的规划保护思想和方法。

采访者：朱先生，您是我国现代园林学科教育造园组的第一批老师，首先想请您谈谈学科初建时候的一些事情。

朱自煊：我是1946年进清华大学的，是梁思成先生办清华大学建筑系的第一班学生。当时专业老师就有吴良镛先生，我们15个同学。

梁先生1947年访美回来之后提出要办营建系。建筑系是单独的建筑专业，营建系则包括经营、规划，然后是建筑。同时专业设计呢，有园林，当时叫造园，还有工艺美术，共四大方面。世界建筑的巨大变化，影响到梁先生，并影响到清华建筑系。其中园林方面，具体操办就是由吴先生和汪菊渊先生。吴先生当时是副系主任，汪先生是农大园艺系的教授，他对园艺、园林非常感兴趣。他们具体来研究怎么办，定下来之后我们就开始教书了，就派了我来负责这个班。我们是一面教书一面建校。那时候园林组就抽了8个学生，4男4女，当时是三年级的，就开始学规划设计、建筑设计、园林设计，然后城市规划、美术，还有很多，开始办起这么一个专业组。

由于同学们已经有两年的园艺方面的基础，我们当时很重视，小小这么一个组都是名师在教。拿美术来讲，李宗津先生、李斛先生、吴冠中先生、华宜玉先生都教过他们，那些都是现在非常知名的美术大师。有时候梁先生的讲课也能听到一些，教学目标很明确，师资力量也比较强，他们又不参加院系调整建校，所以效率比较高，同学们还是挺高兴的。第二班有董旭华老师，周维权老师也教过一段，后来主要负责是我，农大有陈有民老师。第二年有梁永基、陈兆玲。到第三年杨赉丽他们就去林大办了，因为林大也开始成立这个

系。到三年级之后，孟兆桢先生他们就在这边上课了，清华也支援了一些老师过去，最后办起来。所以我觉得比较难能可贵的，就是把造园组最核心的两个内容，一个是植物园艺，一个是规划设计和园林设计，这两块东西捏到一起来办，应当是国内办得最早的。我不知道金陵大学有没有别的，同济比我们晚一点。我觉得是一次有益的尝试，效果也还是不错的，特别是清华这边，加强了规划设计。毕业后她们4个都在教育战线的，刘承娴、朱钧珍是分在清华城市规划教研组搞园林绿化这方面的教学。张守恒跟郦芷若就是林学院的园林专业的创办人。

刘少宗是在北京园林局，他是很全面的，后来是园林设计院的院长、总工，成就还是出众的。张守恒很努力，学得很好，特别是在做学问这方面静得下来，钻得进去，后来由于家庭等等缘故，随后到香港去。王璀是很突出的一位，他分到包头，在城市规划、园林、建委做了大量的工作，可以说是跟着这个城市成长。也快九十岁，他跟我同年的，一辈子都在边疆，作出了大量贡献，他又喜欢摄影，整个包头他完全可以写一本书，一直到现在还在那。吴纯是转了行了，转到城市规划、城市建设这方面去。他年纪最小，但是很聪明，做得不错，"一五"规划时期在苏联专家指导下做了大量规划与城市设计。后来转到杂志编辑，《国外城市规划》现在是《国际城市规划》。从这一批同学来看，他们自己热爱这个专业，静得心下来，钻得进去，所以在园林工作上可以说胜任，而且做得相当不错。再从以后看的话，林大在这个基础上茁壮成长，变成林学院里头一个比较热门的专业，出的成果也是最高的。我感觉是应运而生，这是一个客观规律，客观需求，

清华建筑系梁先生这个班子，和汪先生他们的结合是一个很好的机遇，我觉得这个头开得不错。

后来我们合办的那个就停顿了，专业没有办，园林事业继续在那儿。像周维权先生、冯中平先生、朱畅中先生，后起之秀郑光中、杨锐、徐莹光一大批教师对园林非常感兴趣，在首都北京也有很多这方面的任务。从我个人接触，有两个值得提一下，一个是圆明园的规划。圆明园规划的时候，学校里还是工农兵学员，那时候北京市建委领导听取了某些意见，觉得圆明园可以利用，里头虽然房子都烧了，但是自然条件、地形还是不错的。他们当时不敢到里头，但是在它周边搞一点旅游度假，效益是非常高的。实际上那时候已占了一部分，是在万春园，靠近清华的边边角角已经盖了一些别墅。我们接到任务，要做规划，我们是坚决反对。我们把圆明园跟它周边环境作为一个遗址公园来对待，坚决反对把商业旅游引进去。后来北京市建筑设计院、建设部建筑设计院、规划局、北京市规划设计院，还有好几家，几乎没有一家同意在园内进行开发的，所以我们自称为"园外派"，当时把圆明园作为遗址公园的性质大家认定下来。后来又经过努力找签名，宋庆龄同志还带头签了名，所以一下子把圆明园的重要性提出来了，后来成立圆明园学会等等。坏事变好事，我觉得这个是很有意义的。虽然参加的同志是工农兵学员，但是由于思路比较对头，一下子得到了锻炼，这是一桩事情。

第二桩事情是黄山规划。黄山规划当年是万里同志担任安徽省省委书记的时候，请了同济、南工、清华，南工是杨廷宝先生，清华是吴先生，同济是冯纪中先生，都带来一些精兵强将。那时候主要讨论九华山的规划，同时讨论科技大学的发展。原来科技大学在北京的，后来搬到合肥去了。在园林方面同济做九华山规划，我们是做黄山规划。

我负责带队去，也是一部分的工农兵学员，但是老师很强，有朱畅中先生。朱先生是1945年中央大学（中大）毕业，新中国成立后到苏联留学。朱畅中先生、周维权先生在这方面是非常强的，冯中平先生做园林建筑，郑光中先生做园林规划、风景区规划，还有徐莹光先生，都是专业能力非常强的。我们住了差不多一个月，山上山下。在黄山规划还是第一次。到底怎么搞？通过我们住在山上，几条重要的沟都去看了，最后把黄山风景区的地形地貌、自然和历史文化特色，几个入口的大门、上山的道路、食宿、用水以及交通的索道几乎都设计到，比较务实的一个规划。

后来，安徽省副省长张恺帆还有省委秘书长郑淮舟听取我们的汇报，对我们这些工作总的来讲还是予以肯定。但是我们毕竟是民间的，所以大概第二年正式组织了安徽省建设厅，组织了一支黄山的队伍。朱畅中先生被聘为顾问，后来朱先生和北大谢凝高先生被建设部城建司聘请作为顾问，在风景方面做了大量的工作。后来其他的园林又跟上去，做了不少工作，同时像周维权先生等等不仅是在实践上，在理论上也造诣很深。特别是周先生在古典园林方面，颐和园、古典园林史、名山史，这几本分量非常高的书。另外朱钧珍先生也是很突出的一个，一直在园林这方面出了很多的书，特别是近代园林史，结合杭州的植物配置的书，很多书的质量还是非常高的。所以感觉到专业虽然不办了，但是这支园林的力量可以说是人才济济。到杨锐这批年轻人成长之后，园林专业又提出来，园林本身也发展了，跟景观结合在一起。说明事业在、人才在，这个工作总会得到再复兴、振兴的机会。

采访者：决定对这批造园组的学生进行培养的时候，当时是怎么定位的？

朱自煊：我们这边就讨论建筑规划方面，那边汪先生从植物方面的专业角度要求，讲的规划设计景观内容。

建筑方面，建筑设计的基本制图要学的，第二就是园林建筑，一些小品、铺地、围墙、门、花架，建筑布局。再一类就是造园设计，我那时候教毕业设计，是日坛公园。但是我现在想想惭愧，就是把它当一个庙，那个殿之外的其他的地方当风景区，现在看来是不全面的。北京古都有天地日月四个坛，那时候没有认识到，但是周围的关系规划布局我注意了，外面会有一个大的影壁与神路街，还有一个大琉璃牌坊，对面是东岳庙，这条轴线是很重要的。北京四个坛各有使命，但是那时候没有认识到这一步。所以最后做一个综合性的毕业设计，从园林布局做到细部，最后画一个大的鸟瞰图交卷，综合训练。

后来我们请孟兆桢先生来给研究生讲课，讲到叠石，很多处理的手法等等。老孟喜欢诗词、意境联系在一起，讲得还是很好的。还有毛培琳讲工程，杨赉丽讲规划。一个园林专业，有这些相关的东西才会比较完整，不会片面。

采访者：您后来又从事了很多古都风貌保护方面的工作，您能谈谈这方面工作的情况吗？

朱自煊：我提出历史街区的保护，是从20世纪70年代末开始。日本也是从1970年代开始的，我看到日本杂志上都在谈这个问题。1983年到日本学术振兴会，两个月的考察，我就专门研究了这个问题。看了日本4个重要的历史街区，都在京都。看完之后回来，两个地方找我，一个是北京什刹海，一个是安徽徽州屯溪市的屯溪老街，这两个地方我们就是按传统建筑物来对待。

北京在搞什刹海改造之前，还在"文革"中间做琉璃厂的改造，就把它拆了，按照清式的营造做法，没有用大式，小式就是不用斗栱，油漆彩画，但都是按照规规矩矩的做法来做。可惜的就是把历史的东西都拆光了，盖仿古建筑，这样一来，真实面貌没有了，所以争论很大。我们这个做法保留了传统的风貌不变，整治是在保持原有的建筑立面的特征之外，利用建筑手段来改善、解决有关问题。所以商家很满意，外表看又不差，那时候提出来叫作保护整治，适当的更新。什刹海是保护、整治和开发，因为它规模很大，有旅游开发问题。提法比较谨慎。有几点明确得比较好：第一是真实性的问题，就是不要大拆大建，拆旧更新搞假古董。第二是风貌的完整性，原来保护的就是成片的，不要东搞一点，西搞一点，以整片来保护，坚决拒绝高层建筑出现，划定核心的保护区、建设控制区，在外头有环境协调区。第三是生活延续，老百姓住在里头怎么办？生活要改善，要跟得上时代，但是建筑的平面布局等等又不能按照现代去建设，基础设施要改进，有生活延续性。后来还有文化传承的问题，这个地方有一些非物质遗产的传承，有一些传统的习惯等等，原居民不能都搬走，有些属于生活、文化遗产，文化的风貌、做法，还要能够得到传承。所以慢慢的大家悟到了历史街区的一些做法或者是它的特色，或者是它的标准。

后来北京市搞了 25 片改造，再后来加到 30 多片，把老的四合院保护住了，否则北京名城就没有了，名存实亡了。但是现在至少 1/3 没有了，东单以东、西单以西的城区去看看，荡然无存，只剩地名，这个损失是很大的。所以遗产的保护是非常难的。几大古都都没有保住。

采访者： 对于南京和西安的城市风貌保护，您个人持什么观点？

朱自煊： 南京、西安那些城墙保住了，但是西安里头很多东西保护得不理想。也有争论，也有好的地方。我前一段有点担心西安搞假古董搞得太厉害。我觉得利用大雁塔这个古迹，既保留了古迹在城市中的作用，又跟城市发展结合起来，做得还可以。大雁塔在唐代是个非常重要的古建筑，是一个城市的地标。这个地标的东面建了大唐芙蓉园，利用环境建了一个唐代风格的休闲场所，借大雁塔作为一个背景，这个构思我觉得做得还是不错的。大明宫遗址总体也还是可以的，但是做得粗糙一些。我去看了日本奈良的平城宫遗址，它不是作为旅游点对外开放的，是一个研究机构，可以去看，不卖门票。我们国内搞下来的遗址就作为旅游开发了，但是把这个遗址保护下来，把这些违章建筑都拆掉，花了多少亿已经很不容易了。所以我觉得西安有些地方做得还是可以的。

南京我个人看有几处做得还是好的。一个是城墙，不像西安那么完整，但是能连的地方尽量把它连起来，因为南京虎踞龙盘的形势，山川形胜跟名城格局扭在一起的，这是南京非常重要的特征。特别是北极阁那块，城里的几个制高点，跟城墙的关系看出来山川形胜的关系。我去南京提意见的时候就说，一定要把这几个保护好，不要高层建筑跟它争高低，否则就把龙脉给破坏了。南京局部做得不错，包括夫子庙，然后中华门、雨花台。另外南京已经发展到现在这个程度，不能完全像平遥来对待，不现实。就跟上海一样，就抓住上海作为一个现代城市，它中间的一些建筑、一些历程，应该把一片一片历史风貌加以保护好，就跟现在东京一样，我觉得能做得很好。北京是完全很好的古城格局，硬给破坏了不应当。我发现一个基本观点，变是绝对的，不变是不可能的，因为城市在发展。变的中间有不变的东西，就是这个城市的特色、特征。不能完全像历史街区这么严格，但是至少这片风貌，包括它的格局，它里头的一些人文的东西，一片片保

护下来之后，人们走在城市里头，这个城市的面貌还依然可见。新旧融在一起，这个城市进去就很有味道。

采访者： 那您对洛阳、开封、杭州这些历史文化名城的风貌保护，持什么样的观点？

朱自煊： 杭州主要是解决湖跟城市的关系，这是杭州最有特色的地方。过去高度上出过问题。现在杭州思路比较对了，就是说往外去扩展，往西面，然后沿湖严格控制，沿湖把交通处理好，然后跟城市对接。洛阳现在走的思路也还是对的，原来洛阳守住一条，它是跳跃式发展的，老城区那块再过来就是西工区，再过来是涧西区。他们上来的时候就是在涧西区发展，跳过周王城发展，所以把原来有待结合发展的不管它，新区去发展，这个模式是对的。开始的时候守住洛河的北面坚决不过河，这个也是对的。到后来实在这个城市发展不下去了，过了河了，又把最重要的地方空出来，一步一步来弄，我觉得思路还是对的，否则没有出路。真正的开封都是在河下，掘地三尺才是真正的开封。现在上面都是仿古的东西，仿古的东西反正也不好说它了，城市的发展，不要发展得过分、离谱，我觉得就可以了。前一段我去看了大同，大同搞仿古搞得太厉害了，有的没道理了，最近缓一缓可能好一点。

采访者： 您一直从事这方面的工作，那么您觉得在哪些城市的建设中，自己比较满意而且有成就感？

朱自煊： 成就感不敢当，就是说引起重视。什刹海我跟郑光中做了快 20 年，1984 年做，1992 年总规批准，反反复复，后来又做详细规划。原来北京规划里什刹海是一片绿地，当然绿地也没有细做，就作为一个绿地保护下来了。我们实际去看，根本不是绿地，绿地很少，水面有三片，市井园林，就跟济南大明湖旁边一样。城市跟园林糅合到一起的，开放式的不卖门票，这是它的一个很重要的特征。

再一个历史很悠久，文物古迹很多。王府就好几个，恭亲王府、醇亲王府、涛贝勒府、庆王府。名人故居更多，章伯钧故居、侯宝林故居等。

寺庙很多。有人说什刹海十个庙，实际上不止十个。像广化寺很好的，火神庙已经开放了，道教的火德真君庙。因为湖岸是弯弯曲曲的，所以里头的胡同也不是四四方方的，跟着这个湖岸来的。然后里头有老住户什么的。我参加接待过一个英国女王的侄子，皇家重要成员。那天挺隆重的，英国大使陪他看了恭王府，饮茶、弹琴什么的，再看小的演出，就是恭王府的戏台演出，还看了一些地方，他就跟英国皇家的东西比较。我觉得这很有价值。后来他又到老居民家里去，那个老居民是文化人，看了很满意。这个地方他也有共鸣，也做了些比较。我觉得像这种古迹，这种遗址，在国内恐怕很难找到了。当时恭王府没有什么东西，真正王府有价值的东西早已搬光了。花园里头经营了那么多年，内容很丰富。再有其他几家，如果真正都弄好以后，文化积淀就很深。所

以什刹海是块宝地，是故宫后面的靠山，是中轴线末端，应该引起大家重视不能再破坏。但是怎么经营，现在里头也有划船，有胡同游，坐三轮车到人家家里，老居民不保留不行。就是说这个地方保护下来之后后续工作要跟上，这个也是比较难的。像丽江有一段就说纳西人都不干了，租房子出去，就换了这些人，纳西话不会，纳西文字又不会写，那就没劲了。所以真正旅游文化，文化传承，有大量工作要做。我们至少把这块地，这个牌子竖起来了，引起重视了。

屯溪老街也是这样，比较上轨道了。当地的保护意识也很强，建设部就认准了把他们作为一个建设部示范的点，给它一定的资助，管得严。但是里头也有它的问题，街面上这些商场管住了，街巷还没有怎么弄，因为街巷的年轻人都搬走了，守家的老人也没钱修，效益问题、安全问题，这是一个大的问题，没有搞。第二就是江旁边，我们一直希望把这个江跟水、跟沿江能够连成一个整体，这个问题也没解决。再有一个就是屯溪是三镇，溧阳、屯溪、阳湖，鼎座上现在就有一个屯溪，那两个怎么弄上？所以还有很多发展中不断出现的很多问题。这种历史街区是无止境的，但是能够把一个要拆的中间保住，我觉得至少还是算做了一件好事。

采访者：在历史街区保护的过程中，您觉得园林建设发挥了什么样的作用？

朱自煊：园林建设在屯溪老街比较少，几乎没有绿化。什刹海有文章可以做，但是这种市井园林跟其他的园林又不一样，它是开放型的，管理也不能太严苛，太严苛没人管。另外园林跟一些设施还有矛盾，管线等一些非要移到户外的一些东西，跟栽树还有矛盾，停车也有矛盾。只有沿水边有些地方还可以再多一些绿化，可以做文章，但是这个往往没有放在最主要的位置，重视的还是房子，因为房子有效益。像什刹海、前海，原来前海入口地方有个小花园很好的，但是建了一个会所。我每次都提意见，后来提也没有人管，现在不知道有没有人管，有人能告发的话把他赶走就好办了。本来那个地方是老百姓唱戏、办局社的地方，张君秋还去那儿，很有生命力的，老百姓很喜欢。什刹海绿地那么少，那个会所还进去，非常恶劣。

采访者：您做了这么多有关古都保护的工作，您怎么看待园林建设跟城市发展的关系呢？

朱自煊：这就牵扯到景观跟城市的关系。景观，英文叫landscape，大地的景观是很重要的，城市发展离不开地，也就是山川形胜跟城市的关系。大的格局上的关系首先是个大地景观，这些大地景观你都填满不行，要把山水突出出来，山水突出出来就有绿化进去。山离不开绿化，水也离不开绿化，在保护这些历史遗存、山川形胜这些特色的时候，都离不开大地绿化这个背景。美国大城市里头有点、面、线，它也是把这些都串起来。纽约中央公园在曼哈顿这么珍贵的地方，中央公园就是不让动一点点。那了不起的战略眼光，也有了不起的城市严格管理，没有哪个市长敢去批一下，允许开发商进去。所以在这个大环境里面，我赞成landscape要有这个眼光，要保护绿带，大的绿化格局。

中国的园林有不一样的文化，从最开始周朝的周文王灵囿，就是供皇帝、供老百姓、供文人欣赏的园。把人对待自然的一些设想、理解，或者是外地的东西都搬过来，这是中国园林的意境。中国这套造园的理论一直保留到现在，甚至出国去造一个园等等。中国的造园理论虽然跟国外的思路不一样，但这是我们非常珍贵的遗产。我不排斥景观这一套理论，更不排斥造园这套理论，中间互相融合还可以再看。我们在研究古典园林确实也有很多文章、很多专著，分析得很好、很透。但是毕竟时代在发展，原封不动去套用是不行的，还是应该根据实际的功能、需求、概念的变化有所创新。中国园林有一些地方太封闭，现在还要打开一点。文人雅士家里很小的地方仔细琢磨，不认真去看，你根本就看不出来，叠石等等里头很有讲究，但是今天用不上，有些到不了这一步。

采访者：这个传统如何继承？现在的园林如何创新发展？

朱自煊：我个人的看法，宏观来讲要放开，因为毕竟是新的时代，园林也不在于少数人，但是到局部某些精彩的地方还得要做得细，要经看，有传统精彩的地方。真正需要做得细的功夫，你不细，继承不下来。我总觉得宏观来讲要放，细部上要做得细，否则没有细部就等于没有东西，现在最遗憾的就是没有细部。

新形势下的城市园林绿化与生态修复

王香春

摘　要：园林绿化是城市中具有生命力的绿色基础设施，是为居民提供公共服务的社会公益事业和民生工程。面对"城镇化进程加快与土地资源不可增长的制约性"的新挑战，要以规划为引领，主抓绿色生态空间横向、纵向拓展。面对"城乡协同发展与生态资源保护"的新课题，要坚持以城促乡，城乡有别，走绿色低碳和可持续化的道路。面对"社会公共资源、公共服务均等化"的新要求，要全面提升城镇绿地系统布局的均衡性，把绿地建设在老百姓身边。面对"满足人民日益增长的美好生活和优美生态环境需要"的新使命，要提升城市绿地品质，完善绿地综合功能。面对当前城市环境存在的突出问题，要将城市生态修复纳入工作重点。

关键词：城市园林绿化；生态修复；生态环境

1　城市园林绿化行业面临的新常态

城市园林绿化包括城市园林和城市绿化两方面，不是简单的植树造林和栽花种草，也不是单纯的亭台楼阁等。

1.1　城市园林绿化的定位

园林绿化是物质文明、精神文明和生态文明的高度融合。园林绿化是具有生命力的绿色基础设施，是推动城市绿色发展、服务城市绿色生活的重要内容，是打造宜居、宜业、宜游美好城市的必然要求，更是落实生态文明建设的要求，是建设美丽中国的重要抓手。

园林绿化是为城市居民提供公共服务的社会公益事业和民生工程，承担着生态环保、休闲游憩、景观营造、文化传承、科普教育、防灾避险等多种功能，是实现全面建成小康社会的宏伟目标、促进两型社会建设的重要载体。

园林绿化既是城镇化建设的"面子"工程，同时也是惠民利民的"里子"工程。

1.2　园林绿化面临的新形势

园林绿化面临着新的形势，包括"城镇化进程加快与土地资源不可增长的制约性"的新挑战，"城乡协同发展与生态资源保护"的新课题，"社会公共资源、公共服务均等化"的新要求，以及"满足人民日益增长的美好生活和优美生态环境需要"的新使命。

面对新挑战，要以规划为引领，主抓绿色生态空间横向、纵向拓展。面对新课题，要坚持"以城促乡，城乡有别，走绿色低碳和可持续化的道路"，坚持保护自然资源与历史文化遗迹遗存，杜绝城乡同质化发展的基本理念。

同时，要大力推行协同发展与生态保护的良好举措，首先确保运用生态手段，使用环保绿化材料和生态管控技术，积极推广应用乡土植物，合理配植乔灌草，减少人工干预，营建近自然群落。其次做好资源保护，加强古树名木等自然资源保护管理，依托动植物园构建生态资源库，做好防止外来物种入侵、园林病虫害防治等工作。

党中央明确提出的要求：社会公共资源、公共服务均等化。这也是园林绿化行业面临的新要求。然而我国园林绿化的现状并不乐观，很多城市包括县城、老城区，人口密度很大，公园绿地相对较少，有些甚至根本没有公园绿地，有些住宅区甚至一棵树都没有。须采取相应的对策，全面提升城镇绿地系统布局的均衡性，要把绿地建设在老百姓身边，让居民能就地亲近绿地、享受绿色空间。

绿色福利均等化是国际发展趋势，比如纽约，确保所有纽约人居住在公园的"10分钟步行圈"内；悉尼，步行3分钟（250m）就可到达附近公园；温哥华也在提升自然环境的可达性，不断提高宜居程度。

党的十九大提出的新使命，要求我们要满足人民日益增长的美好生活和优美生态环境需要，提升城市绿地品质，完善绿地综合功能。要改善横平竖直苗圃式绿地、大面积的纯草坪等，不断提升园林绿地品质，还要不断完善现有绿地的综合功能，特别是防灾避险、防洪排涝、雨洪调蓄、健身、娱乐等方面功能的复合与叠加。

2 党和国家对城市生态园林建设的有关要求

（1）《中共中央国务院关于加快推进生态文明建设的意见》提出：良好生态环境是最公平的公共产品，是最普惠的民生福祉。

坚持把节约优先、保护优先、自然恢复为主作为基本方针。在生态建设与修复中，要以自然恢复为主，与人工修复相结合。

构建平衡适宜的城乡建设空间体系，适当增加生活空间、生态用地，保护和扩大绿地、水域、湿地等生态空间。

保护和修复自然生态系统。

（2）习近平总书记2015年12月在中央城市工作会议上指出：人民群众对城市宜居生活的期待很高，城市工作要把创造优良人居环境作为中心目标，努力把城市建设成为人与人、人与自然和谐共处的美丽家园。

城市建设要以自然为美，把好山好水好风光融入城市，使城市内部的水系、绿地同城市外围河湖、森林、耕地形成完整的生态网络。要大力开展生态修复，让城市再现绿水青山。

（3）习近平总书记2017年5月26日在中共中央政治局第四十一次集体学习上提出：

构建四个体系：科学适度有序的国土空间布局体系、绿色循环低碳发展的产业体系、约束和激励并举的生态文明制度体系、政府企业公众共治的绿色行动体系。

守住三条底线：生态功能保障基线、环境质量安全底线、自然资源利用上线。

抓好六项任务：加快转变经济发展方式、加大环境污染综合治理、加快推进生态保护修复、全面促进资源节约集约利用、倡导推广绿色消费、完善生态文明制度体系。

（4）《中共中央国务院进一步加强城市规划建设管理工作若干意见》要求：

健全公共服务设施。强化绿地服务居民日常活动的功能，使市民在居家附近能够见到绿地、亲近绿地。城市公园原则上要免费向居民开放。

推进海绵城市建设。建设雨水花园、储水池塘、湿地公园、集雨型绿地等雨水滞留设施，让雨水自然积存、自然渗透、自然净化。

恢复城市自然生态。制定并实施生态修复工作方案，优化城市绿地布局，推行生态绿化方式，让城市更自然、更生态、

更有特色。

关于"恢复城市自然生态"，要求如下：

制定并实施生态修复工作方案，有计划有步骤地修复被破坏的山体、河流、湿地、植被，积极推进采矿废弃地修复和再利用，治理污染土地，恢复城市自然生态。

优化城市绿地布局，构建绿道系统，实现城市内外绿地连接贯通，将生态要素引入市区。推行生态绿化方式，保护古树名木资源，广植当地树种，减少人工干预，让乔灌草合理搭配、自然生长。鼓励发展屋顶绿化、立体绿化。

进一步提高城市人均公园绿地面积和城市建成区绿地率，改变城市建设中过分追求高强度开发、高密度建设、大面积硬化的状况，让城市更自然、更生态、更有特色（绿地总量增加）。

（5）《中国共产党第十九次全国代表大会上的报告》。

在"过去五年的工作和历史性变革"部分指出：生态文明建设成效显著，重大生态保护工程和修复工程进展顺利。但是，生态环境保护任重道远。

在"新时代中国特色社会主义思想和基本方略"部分明确：坚持人与自然和谐共生。必须树立和践行青山绿水就是金山银山的理念，形成绿色发展方式和生活方式，坚定走生产发展、生活富裕、生态良好的文明发展道路，建设美丽中国，为人民创造良好生产生活环境，为全球生态安全作出贡献。

在"全面建设社会主义现代化国家新征程"部分提出：第一阶段2020～2035年：社会文明程度达到新的高度，中华文化影响更加广泛深入；城乡区域发展差距和居民生活水平差距显著缩小，基本公共服务均等化基本实现；生态环境根本好转，美丽中国目标基本实现。第二阶段2035～2050年：我国物质文明、政治文明、精神文明、社会文明、生态文明将全面提升。

在"加快生态文明体制改革，建设美丽中国"部分强调：基本理念：人与自然是生命共同体，人类必须尊重自然、顺应自然、保护自然。人类只有遵循自然规律才能有效防止在开发利用自然上走弯路，人类对大自然的伤害最终会伤及人类自身，这是无法抗拒的规律。两个需要：创造更多物质财富和精神财富以满足人民日益增长的美好生活需要；提供更多优质生态产品以满足人民日益增长的优美生态环境需要。三个坚持：必须坚持节约优先、保护优先、自然恢复为主的方针，形成节约资源和保护环境的空间格局、产业结构、生产方式、生活方式，还自然以宁静、和谐、美丽。主要工作：推进绿色发展：开展创建节约型机关、绿色家庭、绿色学校、绿色社区和绿色出行等行动。加大生态保护：实施重要系统生态保护和修复重大工程，优化生态安全屏障体系，构建生态廊道和生物多样性保护网络，提升生态系统质量和稳定性，开展国土绿化行动；强化湿地保护和修复。

总之，实施生态修复、建设生态园林就是贯彻落实党中央国务院关于生态文明建设的战略部署，恢复自然生态，创

造良好生产生活环境，满足人民日益增长的美好生活需要和优美生态环境需要的重要措施。

3 新形势下城市园林绿化重点工作

3.1 构建覆盖城市的生态空间网络

实施规划引领，构建连接城市绿地与城市外围山水林田湖草等生态要素的生态网络体系。健全城市生态网络体系，加强城市绿地与城外山水林田湖等生态要素的衔接。

进一步优化绿心、绿楔、绿环、绿廊等结构性绿地布局，建设绿道网有效串联城市绿地与城市外围的风景名胜、历史文化遗存等，联通城市内外和城市群生态空间体系，为城市戴上了绿色项链。

进一步推进绿道绿廊和慢行系统建设。结合水体与湿地修复治理、道路交通系统建设、风景名胜资源保护等工作，推进环城绿带、生态廊道、慢行系统等规划建设。

3.2 实施生态修复，打造优美生态环境

制定并实施城市生态修复工作方案，有计划有步骤地修复被破坏的山体、水体、湿地、植被，推进废弃地修复和再利用，变废为宝，有效拓展城乡生态空间，推进生态园林建设。

推广立体绿化。结合建（构）筑物墙面、屋顶及市政桥梁等开展立体绿化，丰富园林绿化空间结构层次。

3.3 优化绿地结构布局，改善人居环境

优化公园绿地系统布局。按照城市居民出行"300m 见绿，500m 见园"的要求，加强城市中心区、老城区的园林绿化建设，增加社区公园、街头游园、绿地广场等贴近百姓的绿地，构建"小、多、匀"公园体系。

有效拓展绿色活动空间。借助棚户区改造、危房改造、老旧小区有机改造等，见缝插绿、拆围建绿、留白增绿、修复增绿等，有效拓展城镇居民绿色公共活动空间，提升公园绿地服务居民日常生活的功能。

"旧城复兴"。新建的公园、广场丰富了城市绿色空间，增强了地区发展活力，营造了良好的居住、投资和旅游环境。

通过开展园林单位、园林小区建设，切实改善居民工作和居家生活环境，增强老百姓的幸福感和获得感。

3.4 完善绿地系统功能，提升城市宜居品质

提升海绵体功能。结合海绵城市建设集雨型绿地，设立城市湿地公园，在保护城市湿地资源的同时，提升城市绿地生态净化、反补地下水、汇聚雨水、防洪排涝等功能。

提升防灾避险功能。结合公园绿地、广场等因地制宜设置应急避难场所，按照相关标准配备应急设施，设立标示标牌。

提升安全防护功能。加大城市道路绿化隔离带、道路分车带和林荫路等建设力度，提升城市安全防护功能。

提升大气污染防治功能。推广林荫停车场建设、墙体桥体等立体绿化美化，提升降低城市热岛、滞尘吸霾、净化空气等功能。

助推绿色生活。增加城市道路绿化乔木种植比重，加强林荫路、绿道等建设，为市民步行、骑车出行营造优美舒适环境。

提升为居民们就近服务功能。推动公园体系建设，让市民出门 500m 或步行 10 分钟就可到达公园绿地。加强老旧公园改造提升，实施公园免费开放，结合居民提倡活动完善公园配套服务设施，等等。

4 推进城市生态修复，建设美丽宜居城市

4.1 城市生态存在的突出问题

目前，我国城市生态仍存在一些不可忽视的突出的问题，主要有：

（1）城市生态空间被挤占

城市自然山水格局破坏严重，存在开山取石、填湖造地、河道截弯取直、过度的硬质铺装等问题，粗暴的对待自然地形地貌。

城市水系、绿地等生态空间被侵占，有 1/4 的城市未划定城市蓝线和绿线，城市水系、绿地被大量侵占。

（2）城市生态环境超载

社会经济结构和布局超出资源承载能力和环境容量。全国有 300 多个城市面临不同程度的缺水，有 400 多个城市长期以地下水为饮用水源，造成地下水资源过度开发，地下水位下降，水资源承载能力难以支撑。

（3）城市生态功能退化

生物多样性水平降低。中科院对武汉市东湖的检测表明，东湖水生物从 50 年前的 83 种减少到 14 种，鱼类从 71 种减少到不到 20 种。

城市水位下降。全国城市地下水超采导致地面沉降严重。中国地质科学院在 2011 年初发表的一项研究结果表明，包括浅层漏斗和深层漏斗在内的华北平原复合地下水漏斗，面积 73288km²，占总面积的 52.6%。

城市热岛效应加剧。北京近 5 年年平均热岛强度为 1.12℃。

（4）城市环境污染严重

水污染。环保部调查结果显示：近 90% 的城市水系受到严重污染，1669 个地下水水源地中，不符合标准的占 18%。

固体废弃物污染。据统计和估算，2013 年我国城市生活垃圾清运量 2.3 亿 t，其中设市城市 1.7 亿 t，县级 0.6 亿 t，工业固废产生量达 33 亿 t，建筑垃圾（含弃土）产生量约 35 亿 t，餐厨垃圾约 3600 万 t。

城市空气污染。2013 年，中国 281 个地级以上城市中，空气质量好的城市个数仅占 10.67%，差的城市占 75.80%，极差的城市占 13.52%；全国暴露于空气质量差的状况下的城市人口比重达 57.99%。

4.2 推进城市生态修复，建设美丽宜居城市

4.2.1 制定政策文件

印发《住房城乡建设部关于加强城市生态修复城市修复的指导意见》（建规〔2017〕59号），指导各地有计划有步骤的开展城市生态修复工作。

4.2.2 开展城市生态修复试点

分批开展"城市双修"试点，探索和总结可复制可推广的经验。分3批共计58个城市已开展城市生态修复试点工作。

4.2.3 城市生态修复的工作重点

（1）做好城市生态评估

建立城市绿地动态评估体系，分区域、分类型评估城市各类绿地分布及规模变化情况，对城市山体、河流、湿地、绿地、林地等自然资源和生态空间开展历史与现状摸底普查，分析存在和面临的主要生态问题、起因、规模等，分类分级梳理。

综合识别水土保持、水源涵养、生物多样性保护、休闲游憩等生态功能突出的区域，确定城市环境质量安全底线。

（2）恢复山体自然生态景观

保护山体自然风貌。加强对城市山体自然风貌的保护，禁止在生态敏感区进行开山采石、破山修路等破坏山体的建设活动。

解决山体安全隐患。根据城市山体受损情况，采取相应的修坡整形、矿坑回填等工程措施，解决受损山体的安全隐患，恢复山体自然形态。

重建山体植被群落。保护山体原有植被，种植乡土适生植物，重建山体植被群落。

探索多元化利用模式。探索修复山体的多元利用模式，在保障安全和正常生态功能的基础上，发挥其经济效益和景观价值，改善周边居民生活环境。

（3）加强滨河滨湖岸线及生态护岸建设

保护城市水体自然形态。避免盲目截弯取直，禁止明河改暗渠、填湖造地、违法取砂等破坏行为。

防治水体人为污染。在全面实施城市黑臭水体整治的基础上，全面实施控源截污，强化排水口、截污管和检查井的系统治理，开展清淤。

恢复水系自然岸线。改造渠化河道，因地制宜拆除硬质驳岸和衬底，重塑自然岸线、深潭浅滩和泛洪漫滩，恢复滨水植被群落，营造多样化的生物栖息环境。

运用生态手段净化水质：增加水生动植物、底栖生物等，增强水体自净能力，逐步改善水质、提高水环境质量。

拓展城市亲水空间：在保障水生态安全的基础上，合理拓展城市亲水空间。

（4）重建城市废弃地自然生态环境

消除场地安全隐患。科学分析废弃地成因、受损程度、场地现状及周边环境，运用生物、物理、化学等技术改良土壤，消除场地安全隐患。

重建植被生态群落。选择种植具有吸收降解功能、抗逆性强的植物，恢复植被群落，重建生态系统。

实施废弃地再利用。场地修复后，如环境质量达到相关标准要求，应对具有潜在利用价值的已修复土地和废弃设施进行规划设计，建设遗址公园、郊野公园，实现废弃地再利用。

Urban Landscaping and Ecological Restoration in the New Era

Wang Xiang-chun

Abstract: Urban landscaping is a living green infrastructure, and is a social welfare providing public service. Facing the new challenge of rapid urbanization progress and the restriction of land resources, green space shall be extended horizontally and vertically by planning. Facing new issue of coordinated development of town and country with the protection of ecological resources, green, low carbon and sustainable development shall be adopted. Facing new demand of equality of social public resources and public services, green spaces system shall be laid out in balance and near public inhabitant. Facing the new mission of meet people's increasing requirement of good life and beautiful ecological environment, urban green space quality shall be promoted and comprehensive functions shall be implemented. Facing current problems of urban environment, ecological restoration shall be strengthened as a key project.

Key words: urban landscaping; ecological restoration; ecological environment

作者简介

王香春 / 女 / 湖北人 / 博士 / 住房和城乡建设部城建司园林处处长

再谈"传统园林植物"

李炜民

摘　要："传统园林植物"是城乡园林绿化中客观存在的植物类群，它的重要性在于代表了中国古典园林中最为重要的文化特征，象征着中华民族的情怀与精神追求。作为有生命的历史见证，这些植物用生命成长的过程讲述着一个园林乃至一个城市的历史故事。"传统园林植物"是对应于"乡土植物"和"新优植物"的概念而提出的，是指经过长期引种驯化和栽培，适应了当地的自然气候特点、应用历史悠久、栽培范围广泛、代表了一个城市历史名园与名胜古迹有生命的文化特征，深受人们喜爱的园林植物。传统园林植物不但要在引种栽植时间上达到百年以上，而且在城市园林绿化中要达到一定的数量，更为重要的是被城市所接受并大量种植，具有延续性。

关键词：传统植物；传统园林植物；引种驯化

2009年我在北京园林学会年会上作了《北京城市园林植物的应用与展望》的学术报告，首次提出了"传统植物"的概念[1]，得到了中科院北京植物园张治明等先生的首肯，随后我请北京植物园、北京市园林科研院从事园林植物研究的人员从科学的角度对这一概念进行论证，无奈十年过去了，没有一位同志对"传统植物"这一概念的提出进行真正的研究或是反驳，近期中国园林博物馆张宝鑫撰写博士论文时找到我，与我进一步讨论"传统植物"能否从分类、树龄、应用等方面用量化的数字进行解读，使我觉得有必要重新思考并再次阐述我的观点，与从事园林植物研究的同志们进行讨论。

1 "传统植物"的提出是源于多年从事园林工作的思考

1984年我从北京林业大学毕业后，分配到北京市园林局所属的颐和园管理处绿化队工作，深深地为园内众多的古树名木所吸引，在颐和园工作的五年中，我把园内所有的植物都认真地记录并拍照留存，以至于现在在颐和园内遛弯时，发现某个位置上少了某种植物，还要与管理者详细求证一下。令我印象最为深刻就是仁寿殿后院的二乔玉兰（*Magnolia × soulangeana*），已有200多岁，虽然比潭柘寺的

二乔玉兰树龄小，但姿态绝佳，枝繁叶茂，几乎占据半个院子。每年花开之时，上千朵花同时怒放，蔚为壮观。令人遗憾的是，20世纪90年代这株二乔玉兰染上了腐烂病，由于树汁吸引了大量蚂蚁，导致皮干剥离中空，而枝皮外表完好的表象耽误了诊断，最终病情迅速恶化，经过几次疗伤和修剪也未能挽回它的生命。值得一提的是，之前颐和园有一位老工程师李伯中先生一直研究如何使古玉兰能够扦插繁殖，经历了若干年不断的实践终于繁育成功，也就是说使仁寿殿古二乔玉兰的基因得以完整保存下来。北京市公园管理中心成立后，由北京市园林科研院开始收集繁育知名古树后代，2015年联合河北省建设厅、天津园林科研所牵头成立了京津冀古树名木基因库，也许正是源于颐和园的这段工作经历。1995年我调到北京植物园工作，由于工作的原因结识了很多中国科学院植物园的老先生，而植物园的基本功能之一就是植物的引种驯化，从某种角度讲植物的多样性决定了生物的多样性，保护植物就是保护人类自己，这是世界植物园界共同发出的呼声。作为新中国成立初期给毛泽东主席写信建议建立国家植物园的十位青年科学家之一、北京市政府园林专家顾问、中科院植物园的董保华先生有着丰富的实践经验，从事了一辈子植物引种驯化工作，他常常讲看一个物种是不是能够在这个城市健康的成活与适应，不是几年和十几年的事，起码要50年以上才能下结论。这个说法我当时并不能完全理解，

直到 2013 年，北京市的雪松出现了大面积的严重冻害，石榴等植物大量死亡，其后的 2015 年，北京市的竹子大面积开花，这些案例使我想起董保华先生的论断，由衷地感到钦佩。北京的历史名园与名胜古迹有很多的"外来"古树名木，如何定义应当进行研究，当我就"传统植物"概念求教于董保华先生时，董先生基本认同这一概念，并提出也可以叫"历史植物"。2000 年以后我到北京市园林局风景名胜处任职，首先是认识了京郊名胜的古树名木，其中最具代表性的就是潭柘寺、戒台寺内的众多古树名木。戒台寺的五大名松（油松）、九龙松（白皮松）、牡丹，潭柘寺的帝王树、配王树（银杏）、白玉兰、二乔玉兰、金镶玉、玉镶金（竹）、七叶树、柘树等等，给这座古老的寺庙赋以盛名。同样如此，南方的历史名园以及寺观中也有很多引种栽培的外来古树名木，如油松、白皮松、菩提树、紫薇、牡丹等。这些活的文物还记载着中原与边疆地区的农耕文明以及丝绸之路的繁荣。在新疆南疆的和田地区，有一株 1600 多年的核桃王，见证着中原地区果木栽培、农耕文明早在千年前就传至新疆，也成为促进边疆民族勤劳致富的重要树种。而同样还有一株上千年的悬铃木与五百余年的无花果述说着丝绸之路的故事。

2 "传统植物"的概念是源于历史名园古树的客观存在

历史名园是古都格局的有机构成。北京有 800 多年的建都史，自辽以来就开始了都城建设，乾隆在《塔山四面记》中清晰地记录了琼华岛自金元至明清时期以来的建设与变化，北海也成为北京保存下来历史最为悠久的皇家园林，成为北京城形成和发展的原点，至今留存着的唐槐就是有生命的见证。至明清时期，北京的城市格局基本形成以皇城为核心，皇家园林为骨干，王府私家宅院为基础的园林体系，延续至今，构成了北京历史古都的城市格局。历史名园是古都风韵的重要体现。从西苑三海到三山五园，构成了这座古老城市的一幅有机长卷，景山作为皇城中心的镇山与南北中轴线的核心节点，其地位至今没有改变。有关资料显示，北京市域范围内现存 1000 多处历史园林，2015 年 8 月 6 日，北京市园林绿化局向社会公示了北京首批 25 个历史名园的名录。历史名园是古都文脉的生命传承。北京的历史名园见证着这座历史名城的变迁。明清以来，皇家园林的建设一直伴随着都城的规划建设与发展。建于清代的三山五园皇家园林群，更是将造园与自然山水融为一体，成为"虽由人作，宛自天开"的典范，令世人叹为观止。在 11 家市属公园中留存着 13900 余株古树，这些活的文物，用生命记载与述说着古都历史故事。中美建交前夕，基辛格博士在天坛感叹中华文化博大精深的同时，不由得说道：以美国的国力我们可以建造几个几十个祈年殿，但我们无法复制你们的古树。北海的团城始建于明代，高 4.6m，面积 4500 余 m²，在它的上面就有 40 余株古树，最为著名的要数乾隆皇帝亲自命名的

白袍将军（白皮松）与遮荫侯（油松），枝繁叶茂的背后反映的是古人的智慧，在高高的人工堆砌的地面铺装采用的是倒梯形的青砖，很好地解决了透水与透气问题。在香山公园内留存一块乾隆皇帝题写的娑罗树碑，用蒙满藏汉四种文字刻写，表达了对于这株古树的敬畏与赞美。在香山寺的门口还有一对挺拔高大的油松，像护法神一样伫立，被乾隆皇帝命名为"护法松"。在乾隆的御制诗中还可以看到金莲花（Trollius chinensis）的描写，这种在高原或亚高山草甸生长的像莲花一样的草本植物，也被引种到香山寺来。在颐和园等皇家园林中可以看到很多楸树，春夏之交开满了花朵。在慈禧太后居住的乐寿堂院内则对植了玉兰、海棠，寓意"玉堂富贵"，排云殿院内有两株对植的木瓜，在东宫门仁寿殿两侧与佛香阁东侧专门设置了国花台种植牡丹，昆明湖内专门开辟了荷花种植区域，到了晚清建土洞子养植盆栽宫廷桂花一直延续至今。在北京植物园卧佛寺院内有两株对植的古蜡梅，为北京地区最早引进的蜡梅品种，至今已有 300 余年的历史。建于 1905 年的北京动物园，建园之初为清农事试验场，在这里可以看到百年以上的小叶朴等在城市园林中并不多见的古树。一些在北方皇家园林的常绿树种，如：白皮松、油松，在南方的私家园林中也有种植，想必是为了显示地位与财富的象征。还有一些在寺观园林中种植的树种，南北也有特殊的表达。以"菩提树"为例，在两广岭南地区的寺观里，所植的"菩提树"是引自印度，乃原本生长于热带雨林中、植物学上真正的命名为菩提树（Ficus religiosa），同时也引种有银杏这种中原寺庙常见的树种，有的也将银杏称为菩提树。长江以北由于自然条件的限制，则引种七叶树（Aesculus chinensis）作为寺庙中的菩提树供奉，再向西北高原干旱区域则多种植丁香，塔尔寺就是以红皮暴马丁香（Syringa reticulata ssp. amurensis）作为菩提树成为寺庙神树。

3 "传统植物"的表述是源于对中国传统园林文化认知

"传统植物"是城乡园林绿化中客观存在的植物类群，它的重要性在于代表了中国古典园林中最为重要的文化特征，象征着中华民族的情怀与精神追求。作为有生命的历史见证，这些植物用生命成长的过程讲述着一个园林乃至一个城市的历史故事。中国是世界园林之母，中国丰富的植物资源从古至今传播海外，不仅美化了他们的生活，还形成了他们独有的文化，如日本的樱花、菊花均源自于中国，今天成为向世界输出日本文化的重要代表。月季源自中国，现在已成为欧洲文明与和平的象征，更有代表爱情与浪漫的色彩。时至今日，我们应该重新审视园林植物在文化传承与发展中的独有地位，重新认知中国园林中具有广泛代表性并具其文化符号的典型性植物，这就是提出"传统植物"的初衷，董老先生提出的"历史植物"虽在时间概念上更为准确，但在文化的理解上不易觉察，所以我依然坚持以"传统植物"来表

述，经过征询与思考，加上"园林"更为贴切。需要说明的是，"传统园林植物"不但要在引种栽植时间上达到百年以上，而且在城市园林绿化中要达到一定的数量，也就是要具有普遍性。"传统园林植物"还有更为重要的一点就是在一个城市的延续性，也就是说在有一定数量古树的情况下，今天这个树种已被这个城市或地区所接受并大量种植。举个例子来说，北京的白皮松、银杏、七叶树、白玉兰、二乔玉兰、西府海棠、牡丹、蜡梅、竹子、荷花等都是非北京地区原产的植物，但在今天的城市园林建设中大量应用，且具有了丰富的文化内涵，这些植物都可以称之为"传统园林植物"。而北京潭柘寺的柘树、新疆上千年的悬铃木，因在当地没有普遍栽植，因此也不能称之为"传统园林植物"。

"传统园林植物"的概念是对应于"乡土植物"和"新优植物"的概念提出的，相对而言是极其少数但意义重大。"乡土植物"又称原生植物或本土植物，是指对某一特定地区有高度生态适应性的自然植物区系的总称，"乡土植物"具有生态适应性强、管理简便、性能价格比高等优点，能够反映本土的植被特色，对于创建生态园林城市和表达园林本土文化有着重要的意义。"新优植物"是指那些非当地土生土长，而由异地引入或培育的、具有优良园艺性状和生态特性的植物。包括本国异地引入和从国外引入的优良品种。"传统园林植物"则是指经过长期引种驯化和栽培，适应了当地的自然气候特点、应用历史悠久、栽培范围广泛、代表了一个城市历史名园与名胜古迹有生命的文化特征，深受人们喜爱的园林植物。如上面所述，"传统园林植物"的提出是因为客观存在。中国的园林文化博大精深，很重要的一点就是体现在植物的种植上，从《诗经》的记载开始，中国人就赋予了植物很多文化符号，历史上很多文学作品、园记都有记载，一直延续至今，这就是"传统园林植物"为什么应该独立存在的根源所在。"传统园林植物"概念不应局限在观赏植物的范畴，应该予以研究与拓展。如北京西郊的"三山五园"，作为景观有机构成的重要载体，京西稻的栽植成为区域历史文化资源的重要代表。至乾隆年间，京西稻的种植面积已经达到万亩以上，乾隆在主持清漪园的建设中专门开辟了"耕织图"景区。通过大量的乾隆御制诗作可以清晰地看到当年乾隆从出西直门沿长河到清漪园，从清漪园到玉泉山，从清漪园到畅春园、圆明园之间的往来路上，全是满眼可望的稻田景象，京西稻稻田已经与"三山五园"融为一体，成为"三山五园"最具特色的文化符号，京西稻作文化传承至今。从这点上讲，皇帝亲自引进种植推广的"京西稻"就是名副其实的"传统园林植物"。"传统园林植物"的提出，可能还有考虑不充分的地方，其科学定义还有待进一步研究，再次提出是为了引起大家共同探讨研究的兴趣，当然更希望在今天的城市园林建设中我们能更加重视"传统园林植物"，认知它的独特文化价值，让"传统园林植物"成为一个城市文化传承有生命的文脉地标。

参考文献

[1] 李炜民. 北京城市园林植物的应用与展望 [C]. 2009 北京生态园林城市建设. 北京：中国林业出版社. 2010：176-181.

About Traditional Landscape Plants

Li Wei-min

Abstract: Traditional plants are a category of plants in urban landscape. They represent the cultural significance in traditional Chinese gardens, symbolizing the feeling and spiritual pursuit of the Chinese. As a living witness of history, these plants tell story of a garden or a city. The conception of traditional landscape plants is proposed based on indigenous plants and exotic novelty plants, referring to the plants introduced, domesticated and cultivated for a long time, adapted to local climate condition, widely used and favored by people. They reflect the cultural identity of historical gardens or historical attractions. The traditional landscape plants shall be introduced and cultivated for over 100 years, used in the urban landscape widely, in large quantity and in continuity.
Key words: traditional plant; traditional landscape plant; introduction and domestication

作者简介

李炜民 /1963 年生 / 男 / 山东人 / 教授级高级工程师 / 博士 / 北京市公园管理中心总工程师 / 中国园林博物馆馆长

清代天津水西庄平面复原研究[①]

张靖　杨传贵　陈进勇　黄亦工　田安博　王喜苹

摘　要： 水西庄是我国清代三大私家园林之一，始建于雍正元年（1723年），乾隆时期达到鼎盛，后来逐渐衰败，到清朝末年，仅剩遗址。现在，原遗址被一家自来水厂所占用。本文通过对水西庄历史文献资料的搜集整理、分析和推断，并参照水西庄所属北方地区的清代园林主流特征，对水西庄进行了复原设计研究，绘制出了水西庄复原平面图及重要节点、重要建筑的平面、立面图和剖面图，供水西庄未来恢复重建参考借鉴。

关键词： 水西庄；平面复原；古典园林；天津

清代康熙、乾隆年间，天津私家园林呈现出一派繁荣发展景象，众多私家园林兴建起来，其中最著名的莫过于水西庄了。水西庄最早是由盐商查日乾出资兴建的，《天津县志》（卷七）记载："在城西三里慕园查氏别墅，地周百亩，水木清华，为津门园亭之冠。中有揽翠轩、枕漈廊、数帆台、藕香榭、花影庵、碧海浮螺亭、泊月舫、绣野簃、一犁春雨诸盛。""查君天行……乐津门之雄且沃，遂卜居者有年。暇日留连水次，有会于心，乃选材伐石，辟地而构园焉。既成，亭台映发。池沼萦抱，竹木荫茏于檐阿，花卉纷披于阶砌，其高可以眺，其卑可以憩，津门之胜，于是乎可揽于几席矣。遂名其园曰水西。"水西庄不断扩建，直至乾隆中期，查为仁、查为义相继去世，查家盐业经营已难取得当年之厚利，且水西庄的生活过于奢侈，入不敷出，到后来都要靠典当度日。同时地方又修建了柳墅行宫，乾隆此后便不再驻跸[1]。失去了行宫功能之后的水西庄，逐渐失去维修养护，后期又逢芥园大堤多次决堤，水西庄逐渐走向没落再至荡然无存。历览津门风物两百年，水西庄是天津传统造园艺术的巅峰代表，更是中国传统文化的重要组成部分。为了继承传统古典园林，传承中国传统造园思想和理论实践，对水西庄进行复原设计研究。

1　水西庄的兴起与发展

水西庄为查日乾、查为仁父子于雍正元年（1723年）始建，最早建成的揽翠轩，落成于雍正二年（1724年），查为仁有诗谓"因树开轩"、"半茆半瓦"。但水西庄名称的出现，大约在雍正六年至七年（1728～1729年）。在五古诗《水西庄》序中，查为仁写道："天津城西五里，有地一区，广可百亩，三面环抱大河，南距孔道半里许，其间榆槐柽柳之蔚郁。暇侍家大人过此，乐其山树之胜，因购为小园。垒石为山，疏土为池，斧白木为屋，周遭缭以短垣，因地布置，不加丹垩，有堂有亭，有楼有台，有桥有舟。其间蛇花象竹，延荣接姿，历春绵冬，颇宜觞咏。营筑既成，以在卫河之西，名曰水西庄。[2]"

水西庄中的早期建筑，据汪沆《津门杂事诗》"水西庄"（乾隆四年，1739年）诗注："慕园老人构园城西，号水西庄，中有揽翠轩、枕溪廊、数帆台、侯月舫、绣野簃、碧海浮螺亭、藕香榭、花影庵、课晴问雨诸胜。"此后，以水西庄为中心，又有三次大规模扩建。第一次为乾隆四年（1739年）查为仁兄弟三人新辟的屋南小筑，或称舍南小筑。汪沆在《津门杂事诗》屋南小筑诗注中说："莲坡昆季新辟小园于道南，颜曰屋南小筑。夕膳晨馐，以赋白华之养。午晴楼、花香石润之堂、送青轩、小丹梯、玉笠亭、若槎、读画廊、月明笛台、萱苏径，

---

①　基金项目：京津冀地区园林艺术与历史文化资源研究（编号：HX2017-11）。

皆小筑中胜处也。"查为仁、查礼及部分宾客有诗贺其落成，为仁诗曰："非关有意避嚣炎，小筑无多在屋南。[3]"查礼诗"诛茅结构成"，"置户傍林隈"[4]；第二次是乾隆十二年（1747年）查为仁建小水西，落成后命其子女、媳等赋诗志贺，查调凤诗称"草草新成小水西，疏篱茅屋称安栖"，查容端有诗"小圃新成复向西，一家逸兴爱竹栖"[5]；第三次是乾隆二十二年（1757年）查为义建介园。查礼有诗序记道："余家近圃有老椿，于丁丑（乾隆二十二年，1757年）生芝，履方仲兄曾绘图寄粤。己卯（乾隆二十四年，1759年）复接手书，云芝大如轮，方圆约二尺许。……又去近圃之右，得地数亩，名曰介园，秋前（乾隆二十二年）亦树新椿十数本，今春（乾隆二十五年，1760年）与近圃老椿忽并作花"，所谓"吾兄结庐爱地偏，另辟介园椿相连"[6]。原取一介寒士之意，后乾隆三十六年（1771年）乾隆皇帝南巡，驻跸介园，适逢园内紫芥盛开，赐名芥园。这三次大的扩建，分别在水西庄之南、之西、之东。

大约乾隆中期后，特别是查为仁去世，查为义、查礼、查善长宦游在外，水西庄逐渐衰败。到嘉道年，园林不复旧观。道光八年（1828年）天津金文波捐廉两千金，重修水西

庄。然而对于偌大的园林，不过杯水车薪，除了将数帆台改名为歇山楼外，只有"小筑池亭"，"更栽竹树"[7]。后来芥园两次决堤，园林被水淹。军队驻扎芥园，草木被兵马践踏。从此津门人士奔走呼告，企图再度修复，力终不济，昔日水木清华，终成历史陈迹。

目前能够找到的水西庄的重要图像资料，主要有《秋庄夜雨读书图》、《水西庄修禊图》、《慕园先生携孙采菊图》和《水西庄图卷》。《水西庄图卷》和《慕园先生携孙采菊图》，对水西庄平面考证价值不大。《秋庄夜雨读书图》和《水西庄修禊图》，较全面地刻画出了当年水西庄面貌。《秋庄夜雨读书图》，清朱岷绘。手卷，纸本，高31cm，宽82cm，前有刘文煊、吴廷华题跋[8]。绘于乾隆二年（1737年）重阳节后，画面上端有朱岷自题款，今存天津市历史博物馆。该图绘查礼（查日乾之三子）于夜雨中水西庄读书的情形，再现了水西庄一期的原貌（图1）。全图不拘泥于写实，旨在写水西庄"莽苍萧瑟夜雨意"，画上作者自题叙述了创作背景，图中能看出园门、红板桥、碧海浮螺亭、藕香榭、枕溪廊、泊月舫、数帆台、揽翠轩、一犁春雨、竹间楼、花影庵、来蝶亭等景点。

《水西庄修禊图》，绘于道光二十七年（1847年，图2）。

图1　秋庄夜雨读书图（图片来源：底图摄自天津博物馆）

图2　水西庄修禊图（图片来源：底图摄自天津博物馆）

此图是田雪峰受觉罗海英之托而绘，图中夕阳亭、歇山楼、御碑亭、河神庙牌坊及山门、假山、琵琶池、木板桥诸景点明显可见。全图既重视全景图的整体性，又注重前后各景的连续性，对水西庄进行了比较全面完整的再现，是研究天津水西庄的重要资料。

2　水西庄平面及主要建筑复原研究

查为仁《莲坡诗笺》、田雪峰《水西庄修禊图》和陈元龙《水西庄记》，是研究水西庄的第一手资料，也是最重要的材料。此外，还有《天津县志》的相关记载、民国时期的《故址晒蓝图》和水西庄旧址的现状可供参考。本文的水西庄平面复原研究便是基于以上材料展开，主要包括以下三步。

第一，民国时期天津水西庄遗址保管委员会绘制的《天津芥园水西庄故址图》（图3），提供了水西庄的面积和各要素所占的比例。图注写明："水西庄位于天津市公安三区五所境内、南运河南岸芥园大堤之两傍，共分甲、乙、丙、丁、戊、己、庚七段，总面积习惯亩二十二亩零分七厘六毫（市亩二十亩三分四厘五毫），现有砖瓦官房三十六间，土官房三间，过道一座。另有子、丑、寅、卯民产四段"。水西庄所处区域为南运河的内弯处，形成环抱之势。地区地势为北部临河处最高，有三面起伏地形，中部较为平缓，南部较为低洼。在中国传统的风水理论中，背靠山地，高低错落有致，外山外水，重重环抱，是极佳之地[9]。

图4　水西庄遗址范围卫星图

折都根据《秋庄夜雨读书图》调整，同时保持总面积与《水西庄记》的记载相一致。

第三，对水西庄进行空间分区，按区展开详细的复原研究。本研究将水西庄分为东（E）、中（M）、西（W）三个大区，然后结合诗文绘画，对各区进行具体分析，提炼景致要素，确定空间方位，并对图文表述不清之处进行考证辨析[10]。先完成各区的关系图，再完成具象的平面示意图，最后调整综合为全园的平面示意图（图5）。图中每座房屋都与《秋庄夜

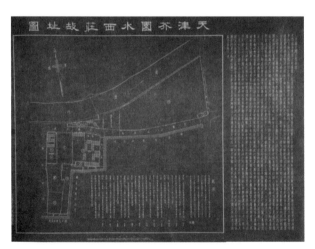

图3　天津芥园水西庄故址图

第二，根据《水西庄修禊图》确定水西庄的外部轮廓。水西庄旧址位于现在的天津市红桥区南运河南岸，南运河南路和红旗路交叉口附近（图4），已被开发为自来水厂，缺乏进行考古发掘的条件，文献中也未记载园子的长度和宽度，因此只能根据绘画进行估测，并结合民国时期的《天津芥园水西庄故址图》加以校正。同时园林局部的突出、凹入或转

图5　水西庄一期平面复原示意图

东区：E1-花影庵，E2-草亭-古春小茨，E3-来蝶亭-苔花馆。
中区：M1-牌楼-碧海浮螺亭，M2-枕溪廊-泊月舫-藕香榭，M3-古芸室-沽上校书房；M4-香雨楼-夕阳亭，M5-小旸谷-揽翠轩-数帆台，M6-竹间楼-潇宜书屋。
西区：W1-秋白斋-清机小舍，W2-秋雪庵--犁春雨，W3-蓼花洲-绣野簃-平岗。

雨读书图》的建筑对应，同时又符合《水西庄记》对于造园布局的描述。此外，该平面也与造园的空间意匠相合，为集景式的单身宿舍型园林，其基本建筑特点就是分成数十个独立景点，诸景点环绕湖水四周，景点建筑的轴线方向交替改变，层数与体量疏密有间，形成有韵律的节奏感[17]。水西庄中部区域，是全园建筑和景点数量最多的，大致分为前段（M1、M2）临水景观群、中段（M3、M4）建筑景观群和后段（M5、M6）傍山景观群；西部区域较为开阔平坦，有着浓郁的江南自然风情，充满乡野景趣，主要有秋白斋、清机小舍、秋雪庵、一犁春雨、蓼花洲、夕阳亭、绣野簃、平岗等景点；东部区域空间景观建筑较少，以自然起伏的地形和较大面积的水面为主，从南到北的景观序列依次为花影庵、草亭、古春小茨、来蝶亭、水琴山画堂。

下面试以东一区（E1）、中二区（M2）、西二区（W2）和主要建筑为例，探讨水西庄平面复原研究的方法和过程。

2.1 东一区（E1）

东一区位于水西庄东南部，主要景致为花影庵。花影庵为莲坡获释后所建，是查为仁居住和读书的地方[11]。据清人郑方坤《本朝名家诗钞小传》卷三《蔗塘诗钞小传》载：查为仁"越八年，始邀矜释……乃就白云司茸板屋数间，日读书习静其中，高云上人为榜曰花影庵。"查为仁（号莲坡）的《花影庵杂记》说，"为仁维系七年"，杜鹃（高云）来京师拜访，为仁"和老人极为印可，且谓即此便是可以传心也。蒙受偈语，兼锡法名，并颜小斋曰花影庵"。

符曾的《春凫小稿·甲子》中提到："是花皆有影，而影悉非花。影从花枝生，花耶复影耶？花影若循环，妙义纷天葩。"周围种有桑麻等草本植物，花影庵前有一棵较大的丹枫，起到了点景的作用。其对面穿过一座小桥后，有一片较大面积的绿洲。绿洲上地形微微起伏，遍植垂柳。

2.2 中二区（M2）

中二区是枕溪廊、泊月舫和藕香榭一带，情况比花影庵庭院更为复杂。其因空间格局复杂而很难确定，主要体现在枕溪廊的位置上，进而影响到藕香榭和泊月舫的位置，属于平面复原研究的难点。

枕溪廊建于水面之上，两排细细的列柱顶着一个木结构的慢坡状的廊顶[12]。万泰光撰写的《柘坡居士集》卷八中称道："明月出东墙，中庭澄夜景。廊虚无屋遮，来往见人影。"可知枕溪廊为双面空廊。通过《秋庄夜雨读书图》辨析，枕溪廊一头从泊月舫开始，经过两折横跨水溪与藕香榭相连，自然地起到组织景点的作用（图6）。

南园门假山之后是红板桥，穿过红板桥是碧海浮螺亭，而红板桥东侧与之平行的就是枕溪廊。因此，枕溪廊和泊月舫的位置处于南园门入口红板桥东侧这是比较确定的；而藕香榭尚存争议，有观点认为位于水西庄的水面东岸，面向水面；还有观点认为，藕香榭位于枕溪廊与碧海浮螺亭之间，

图6　秋庄夜雨读书图（示枕溪廊）

与枕溪廊相连[13]。有诗《藕香榭前试舟》描绘道："碎雨斜风顷刻收，板桥初就放新流。耳根眼底饶幽趣，无数黄鹂共白鸥。"诗中"板桥"即红板桥。因此，藕香榭位于水西庄南部，与红板桥相近，位于枕溪廊的另一端，这一位置更为确切。将园记和园图相结合，并对疑难之处考证辨析后，便可绘出中二区的平面复原示意图，各种景致要素的位置、尺寸和轮廓，都可以大致确定。

2.3 西二区（W2）

西二区是一犁春雨和秋雪庵一带，较中二区更为复杂。对于一犁春雨是水景主题还是某个建构筑物，学者们的意见有所分歧。郭鸿林认为，一犁春雨是从"一雨池塘新绿净"点化而来的，一犁春雨是水西庄内池塘景观的景题[14]。他解释道："一犁"形容园池方圆，极言其小，是虚拟手法，在传统造园中讲究小中见大；"春雨"比喻园池，采用借喻的手法。另有观点认为水西庄中的一犁春雨和《红楼梦》中描写的大观园景点稻香村景观风格相似，都是朴素幽静的田园景观。而水西庄宾客的诗句多次描述的农家景象，也使这一观点更具说服力。乾隆二年秋吴廷华有诗写道："唯有山南地更幽，水田习静登新谷。茅庵一架依绿荫，栋宇天然缀曲目。"（《次日游水西庄作二十二韵》）

一犁春雨是大片农家田园景观，呈现出幽静农村景色，建筑也是山野特色的"茅庵"。另外，一犁春雨还有一农家特点的"桔槔辘轳"。查礼有云："不得旧时溪口路，但闻山背桔槔声。"其南侧是秋雪庵，水西庄地处城外南运河畔，以水面取胜，水边芦苇很多。清厉鹗的《樊榭山房集》中写道："凤知秋雪佳，契阔三岁周。今来际春初，还有秋雪不？曲港迷进艇，花源信回流。稍深天影展，四顾云水幽。"题曰"秋雪"，诗后注："庵在水中，四面皆芦，深秋花时，弥望如雪，故名。"

2.4 主要建筑

《秋庄夜雨读书图》为1737年朱岷绘制，再现了水西庄一期的原貌。《水西庄修禊图》为1847年田雪峰绘制，描绘

的是乾隆二十三年（1758年）当时所称的介园。两幅图中分别展现了水西庄前期和后期的园门概况（图7、图8）。

经过牌坊，进入园门穿过红板桥，即是碧海浮螺亭（图9）。碧海浮螺亭地基较高，周围林木丛簇，远远望去，似一颗浮螺飘在丛林绿浪之上。从《秋庄夜雨读书图》中可看出亭顶翼角为南式嫩戗发戗，近似于苏州拙政园的荷风四面亭，充分展现了水西庄内南北结合的造园特色。

御碑亭为查为义后期扩建的介园中的一处景点（图10）。乾隆多次驻跸，留下的三首诗和另一首《策马过天津府城》（乾隆四十一年，1776年），曾被制成御碑，立于介园旁的河

神庙，特建造亭子为保护御碑。

数帆台是水西庄的制高点，也是主要的胜景（图11～图14）。其位居全园最高处，极富情趣，登数帆台眼界大开，可远眺南运河点点风帆，体验"孤帆远影碧空尽"的意境[15]。在数帆台，有江南江北许多诗人墨客留下的大量隽美诗篇，如诗人胡睿裂写下《数帆台晓雨望隔河村落》就十分优美。在朱岷《秋庄夜雨读书图》中，制高点数帆台十分突出。查礼在提到这幅图时，专门有一段描述数帆台的情景："丁巳七月，混茫浩淼合为一水。登数帆台一望弥漫，渔舟客艇出没于烟波之中，亦一奇观也。"

图7 《秋庄夜雨读书图》中的园门　图8 《水西庄修禊图》中的园门　图9 《秋庄夜雨读书图》中的碧海浮螺亭　图10 《水西庄修禊图》中的御碑亭

图11 《秋庄夜雨读书图》中的数帆台　　　　图12 《水西庄修禊图》中的数帆台

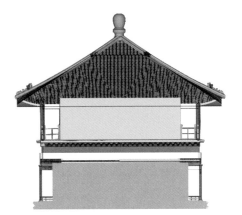 

图13 数帆台剖面图（图片来源：自绘）　　　图14 数帆台立面图（图片来源：自绘）

图 15 泊月舫复原效果图

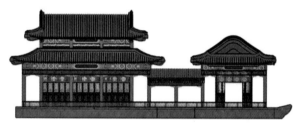

图 16 泊月舫剖面图

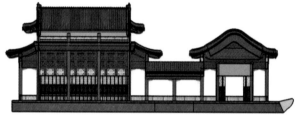

图 17 泊月舫立面图

泊月舫，是水西庄内观赏皓月清波的临水建筑（图15～图17）。其西侧毗邻藕香榭和枕溪廊，北靠数帆台和层层叠山，是赏月观景的好地方。从对岸山上的数帆台俯瞰低处水边的泊月舫，两者遥相呼应，更别是一番景致。泊月舫，具有鲜明的北方建筑特色，上部楼阁为顶棚结构，建筑雕梁画栋，浑厚大气，使得游人在有限的空间里能感受到无限的空间感，有小中见大的深远之感[16]。符曾写道："明月耿如烛，光照幽人衣。襟袖满月色，吟兴秋烟微。绕廊踏月行，与月相因依。"

通过4个区域平面复原示意图的绘制，展示了水西庄平面复原研究的方法和过程。其中最重要的是根据《秋庄夜雨读书图》和《水西庄记》展开细致的图文考证，对图文不合之处进行辨析，对图文不足之处则借鉴造园艺术分析加以补充。在10个小区平面示意图的基础上，经过调整和综合，便可绘出完整的水西庄平面复原示意图（图18）。

3 水西庄园林艺术文化特征研究

3.1 水系
水是园林的血脉，中国古典园林向来重视理水，强调在水源充足的地域建造园林，这也是水西庄沿河兴建的原因。"水随山转、山因水活"，水边树影、石影和山影映在水面，更是能增加其幽远婉转的美感，给人心旷神怡之感。为了创造自然山水淳朴浑厚的野趣，临水还增设水景山石和水生植物用作点缀，以丰富园内景观。

水西庄利用天然的河流资源，将南运河的水引入园内，以水面取胜。其水体在园中分布有江南私家园林的特点[18]。南运河的水从园子东北角引入，穿过两山丘后分为两股支流。一支绕过揽翠轩向西，经过平冈，在向南转角处形成了景致优美的蓼花洲。之后经过秋雪庵，穿过红板桥，在藕香榭前水面变开阔。而后分成两支逐渐经过绿岛进入开阔水面，自园子东南角汇入南运河。另一个分支从水琴山画堂前流过，然后水面逐渐开阔，此处是水西庄园内最为开敞的水面。

水西庄的水体形式大体分为点、线、面三种形式[19]，园内既有开阔水面，也有曲水溪流，且与周围建筑和植物相得益彰。水西庄的多个经典景点也是同水紧密联系，如藕香榭、揽翠轩、枕溪廊等。不同形式的水体营造出不同形式的空间特色，空间开合有致，既有开敞大空间的气势，又有隐藏小空间的精致。不同水体形式的变化和联系，极大地增强了水西庄的造园艺术特色。其三面环水，整体水系张弛有序，诸

图 18 水西庄平面复原图

多景点依水而建，因水成景。水西庄景点处在宽水面临岸，视线开敞宽阔，同时通过曲折幽转的水岸线变化，营造出丰富有序的空间层次感[20]。

3.2 植物

植物是中国古典园林中的重要元素，是具有灵性的动态景观。通过一定的植物配置手法，营造空间形成多姿多彩、富有生命力的园林景观[21]。水西庄地处华北平原北部，四季分明，属暖温带半湿润季风性气候。自然条件优越，造园前基址就有郁葱的天然植被。记载有："其间榆槐柽柳之蔚郁，暇侍家大人过此，乐其山树之胜……"绿树成荫，草木苍翠。通过配置手法，对植物进行了精心的修整移栽和乔灌木的搭配，使植物疏密有致、季相突出。陈元龙《水西庄记》曰："竹木荫庇于檐阿，花卉缤纷于阶砌"。

水西庄花木繁茂，植物景观丰富，园主及宾客留有大量的吟咏诗句和文集，记载了植物的种类、特点和景观变化。园内植物数量繁多，种类丰富，乔木、灌木、草本和水生植物，不同的植物形态构成了多层次的景观。其中水西庄主要乔木有黑松、侧柏、国槐、白杨、垂柳、榆树、元宝枫、茱萸、柽柳、山桃、海棠等；灌木有丁香、石榴、连翘等；藤本有扁豆、紫藤、凌霄、爬山虎等；水生植物有香蒲、荷花、红菱、水蓼等。还有竹子、芭蕉、菊、芍药等。表 1 为主要植物相关诗词。

3.3 园林艺术文化特点

天津位于华北平原各大河流的入海口，东面紧邻渤海，海河和京杭大运河在城市中蜿蜒而过。因此，与北方其他私家园林不同的是，水西庄并不局限于在特定的封闭空间内堆山挖池。它将河岸的景色借入园内，丰富整体环境效果，同时将水流引入园内营造自然山水的风光[22]。

康熙年间，朝廷将北京和沧州的龙头盐行逐渐转移至天津，这一举动极大推动了天津盐业经济的发展和崛起。天津地理位置优越，水系发达，气候宜人，自然环境良好，便于盐业商人们建造其私家园林。查为仁通过造园与朋友相识相知的活动，也极大地推动了天津盐商园林文化的发展，也表现出了盐商经济对当时文化环境的积极影响。

水西庄内各地文人墨客们常是络绎不绝，一同在此饮酒会友，写作山水诗文。文人们根据他们丰富的阅历和对自然景色的品读和理解，进行造园活动。同时，在士流园林中，文人园林更喜欢借助园林美景表达人格自由和不与世沉浮的人生隐晦，他们将自己的人生体验和感触糅合到造园理念中，也是雍乾时期文人精神状态的体现[23]。

中国传统园林按地域差异可概括成四大类，即北方园林、江南园林、巴蜀园林和岭南园林。水西庄从属于北方私家园林，但拥有北方园林的浑厚大气的同时，又兼具南方私家园林中丰富的空间层次变化。可以说，水西庄是同时期北方私家园林中的精品。

4　小结

中国古典园林博大精深，源远流长，是自古以来中国人民对自然向往的体现，对内心世界地探寻，对理想人居环境的探索，是中国传统文化至关重要的一部分。水西庄是北方私家园林最后一个繁盛时期的历史写照，水西庄存在的意义远远超出了园林的范畴，不仅代表了天津古典私家园林的造园艺术的最高水平，也是这一时期天津文化的缩影。目前天津市红桥区水西庄原址中只剩下一个石狮子可供考究，给复建研究又增加了一定的难度。但是对天津水西庄恢复性重建是园林界的大事，也是众望所归之举，更能够为给天津这座历史名城增添一道新的风景线。

景点吟咏诗词及植物描绘　　　　表1

景点	吟咏诗词	植物描绘
绣野簃	"惹烟笼月影檀栾，绣野簃前竹万竿"	竹
枕溪廊	"司花不管闲忙事，又缀繁红上野桃" "必观其度杨柳之凉飔，帘痕演漾，响菰蒲之春雨"	野桃、杨柳、菰蒲
数帆台	"拂堤衰柳湿拖烟，涨溢长河浪拍天。 独坐数帆台上望，群殴飞过打鱼船"	衰柳
揽翠轩	"覆砌垂杨金缕细，捎窗稚竹粉痕侵" "压架藤阴围似幄，跨梁涧水碧于油" "香清红藕密，波静白苹闲"	垂杨、稚竹、藤、红藕、白苹
蓼花洲	"习静不惊风雨骤，蓼汀深处钓翁闲" "掉笛咽于中洲，惊凫宿雁，拍拉于丛蒲密苇中"	蓼花、丛蒲密苇
藕香榭	"沿流还过藕香榭，遥忆花时红锦簇" "篙激浪花沾袖湿，钓竿时指绿杨旁"	红锦
碧海浮螺亭	"小草敢辞青帝驾，残桃原逊紫衣群"	小草、桃
花影庵	"兴酣回首问丹枫，如火一株高压屋"	丹枫
澹宜书屋	"北方种竹如种玉，幽人爱竹一丛足"	竹
竹间楼	"何日竹身长万尺，楼檐都覆竹光中"	竹
小旸谷	"小屋藏梅苑窨蔫，三冬晴日此中佳"	梅
平岗	"随意坐秋风，放眼千垂杨"	垂杨
沽上校书房	"偶怜竹色通邻垞，为避花枝矮砌墙" "阶静垂红药，池深浸绿蒲"	红药、绿蒲

参考文献

[1] 刘尚恒.天津查氏水西庄研究文录 [M].天津：天津社会科学院出版社.
[2] 吴廷华，汪沆.天津县志·卷七《附园林》[M].清乾隆四年刻本.
[3] 查为仁.蔗塘未定稿·竹村花坞集·屋南小筑落成 [M].清代诗文集汇编.上海：上海古籍出版社，2010.
[4] 查礼.铜鼓书堂遗稿 [A].续修四库全书（第1431册）[Z].上海：上海古籍出版社，2002，(03).
[5] 梅成栋.津门诗钞 [Z].天津：天津古籍出版社，1987.
[6] 查礼.铜鼓书堂遗稿 [A].续修四库全书（第1431册）[Z].上海：上海古籍出版社，2002，(14).
[7] 田安博，杨传贵.清代天津私家园林造园特色浅析 [J].山东林业科技，2017，47(03)：120-123.
[8] 陈玉兰，项姝珍.天津查氏水西庄诗人群的文化心态及雅集内涵 [J].浙江师范大学学报（社会科学版），2013，38(1)：106-112.
[9] 刘卫国.古典园林空间营造手法的应用研究 [J].南方农业，2014，25(01)：15-18.
[10] 周宏俊，苏日，黄晓.明代常州止园理水探原 [J].风景园林，2017，(02)：34-39.
[11] 王小恒.论津门查氏的遭际、心态及其水西庄的营建——以查为仁为中心 [J].图书与情报，2013，(05)：140-144.
[12] 郭鸿林.漫画水西庄无则 [J].天津文史，1997，(08)：21-24.
[13] 田安博.水西庄造园艺术研究 [D].天津城建大学，2017.
[14] 叶修成.查为仁散佚诗文考论 [J].晋中学院学报，2017，34(04)：96-99.
[15] 韩吉辰.红楼寻梦水西庄 [M].天津：清华大学出版.
[16] 吴余青，熊兴耀.中国文人对园林意境设计的影响分析——以苏州园林为例 [J].中南林业科技大学学报（社会科学版），2010，02：78-79+116.

[17] 席丽莎."众流归海下津门, 揽胜名区萃一园" ——天津查氏水西庄园林复建研究 [J].城市发展研究, 2016, 23 (1).
[18] 邱德玉. 江南古典园林中的理水——有景有情 [J].北京林业大学学报 (社会科学版), 2005, (04): 12-16+77.
[19] 李建华. 水西庄的园林特点及其在天津园林史上的地位 [J].天津文史, 1997 (8): 30.
[20] 汪溟. 中国传统风水理论与园林景观 [D].中南林学院, 2005.
[21] 徐德嘉. 古典园林植物景观配置 [M].中国环境科学出版社, 1997.
[22] 张文琴. 天津查氏水西庄文献考述 [J].图书馆工作与研究, 2009, (09): 81-83.
[23] 江子沂. 依时为景, 寄心于境——《园冶》借景理念探析 [J].大众文艺, 2014, 23: 114.

The Recovery Plan of Shuixi Village in Tianjin

Zhang Jing Yang Chuan-gui Chen Jin-yong Huang Yi-gong Tian an-bo Wang Xi-ping

Abstract: Shuixi Village is one of China's three major private garden in Qing dynasty. Founded in 1723, it reached its heyday in Emperor Qianlong period, and then gradually declined. Until the end of the Qing Dynasty it only had ruins. Now, the original site is occupied by a water plant. Through the collection, analysis and inference about Shuixi Village historical literature, and the Qing Dynasty garden mainstream characteristic of northern China, a restoration design of Shuixi Village was conducted.The restoration plan, important nodes and important building's plane, elevation and profile map were drawn, providing a reference for Shuixi Village future restoration.

Key words: Shuixi Village; plane restoration; classical garden; Tianjin

作者简介

张靖 /1993 年生 / 女 / 安徽人 / 天津城建大学建筑学院风景园林专业 2015 级硕士研究生
杨传贵 /1963 年生 / 男 / 山东人 / 天津城建大学建筑学院教授
陈进勇 / 男 /1971 年生 / 江西人 / 教授级高级工程师 / 中国园林博物馆园林艺术研究中心
黄亦工 / 男 /1964 年生 / 北京人 / 教授级高级工程师 / 中国园林博物馆副馆长
田安博 /1990 年生 / 男 / 山东人 / 天津城建大学建筑学院风景园林专业 2014 级硕士研究生
王喜苹 /1991 年生 / 女 / 内蒙古人 / 天津城建大学建筑学院风景园林专业 2015 级硕士研究生

古代泰山管治及启示

张婧雅　　张玉钧

摘　要：本文以古代泰山为研究案例，在梳理其管治肇发因由及形态演变的基础上，首先将其管治形态分为4个主要阶段：自然形态、政治形态、宗教形态和民俗形态。其次将其主要的管治方式分为岳治规画、置官以及经营3个方面进行具体分析。最后从管理体制、社区发展以及经营机制三方面对中国国家公园体制建设提出建议。

关键词：名山；泰山；管治；国家公园

古代名山是现代中国国家公园的历史雏形，其管治方式对中国国家公园体制建设有重要的研究意义。本文选取泰山这处古代御治的典型实例，通过分析明清时期多本泰山山志、泰安地方志以及封禅祭祀等相关历史典籍，从建置、置官和经营3个方面梳理总结古代泰山的管治思想及方式，以期为中国国家公园管理体制的建立提供参考和借鉴，并为其他山岳管治研究提供研究基础。

1　泰山管治的源流及形态演变

1.1　泰山管治的肇发

自古以来，我国的人类社会与自然环境就是密不可分的统一整体，尤其是巍峨的山体，是人类社会最早接触和认识的自然实体。这种特殊的地理条件也促成了远古汉民族原始宗教中自然崇拜和山岳崇拜的思想信仰，而泰山则是中国山岳崇拜的实体代表。"生五谷桑麻，鱼盐出焉[1]"，泰山是东夷族的发祥地，东夷人最为崇拜泰山，当时还被称为"大山"。可见自古以来，泰山周边的居民就对其抱有自然地崇拜。

泰山之所以成为古人崇拜的圣山，是与其自然地理条件息息相关的。首先，泰山山体的阔达以及其主峰的突出高显，使泰山在视觉上的相对高度非常突出，远古时期人们面对高岩巨垒，不自主的便产生敬畏之心。其次，由于泰山支脉山峦众多，沟壑纵横，加之山势较高温差较大，致使山谷地段湿度较大，容易形成云雾，进而积云成雨（图1）。古有"山川有能润于百里者，天子秩而祭之[2]"之说，因此人们便视泰山为可以润泽万物的神灵，加以奉祀。

自然崇拜中，与人类关系最直接的是大地、山岳和河川，祭祀山岳和河川便成为自然崇拜中最高礼节的祭祀[3]。原始信仰中的对高大山岳的崇拜衍生出了上古先民通过山岳祭天的思想，进而奠定了后续的泰山柴望、封禅、宗教等一系列山岳文化的产生及相应管治方式的创建。

1.2　先秦时期：自然形态，朴素无为

"王者所以巡狩者何？巡者循也，狩牧也，为天下循行守牧民也"[4]。巡狩是天子出行巡行视察邦国州郡，了解下情的重要方式，也是泰山管治的最初形态。具体来说，巡狩必与山岳柴望相结合，体现的是政治与祭天活动的统一，可谓"巡狩祭天何？本巡狩为祭天，告至[5]。""柴望"是"望祀"和"柴祭"两种祭祀方式：所谓"柴"，就是通过焚烧柴火的方式祭天；所谓"望"，是指天子巡狩各诸侯境内的名山大川，按其秩序望而祭的行为。而柴望的目的则在于"燎祭天，报之义也，望祭山川，祀群神也[6]"。也就是说，柴祀是祭天的表达形式，望祀则是祭祀山川群神的表达方式。

这时期古代人还处于一种对因对自然不了解而产生的神秘、敬畏之心，因而与泰山的互动也仅限于远观祭拜，还未产生任何实际意义上的管治思想或行为，是一种高度依赖自然的体现。这时期泰山管治呈现的是"自然形态"。

1.3　秦汉时期：政治形态，置县置官

上古先民对山岳的原始崇拜的思想和柴望祭天的行为，

图1　清代泰山地区泉源分布图 [图片来源:（清）金棨《泰山志》卷四·图考]

逐渐衍生成为进一步的帝王封禅仪式。秦汉时期泰山的封禅活动已经在早期巡守柴望的基础上演变成一种带有政治色彩的宣告行为。相应的，一系列为封禅典仪服务的管制制度也开始建立。最主要的制度就是置县置官，今知泰山之管理专官最早为汉代之山虞长，专管泰山，如《风俗通义》记载，"岱宗庙在博县西北三十里，山虞长守之[7]。"并在泰山附近新置博县，专为祭祀泰山服务。这些管制制度的建立，也奠定了"天子祭天下名山大川，五岳视三公，四渎视诸侯，诸侯祭其疆内名山大川[8]"的五岳四渎常礼制度。

可以看出，秦汉时期的泰山管治目标明确且单一，制度形式多为诏书、敕建、指令等强制性的顶层制度。因此，这段时期的泰山管治是鲜明的自上而下的御治模式，是完全为帝王封禅服务的"政治形态"。

1.4　唐宋时期：宗教形态，道士主管

由于魏晋南北朝时期政权和社会的动荡，泰山再无封禅活动，只有偶尔常规的五岳祭祀，加之汉武帝封禅带有明显长寿求仙的目的，为宗教在泰山的兴起奠定了思想和组织基础。唐宋时期提倡道教，且加之道家本就崇尚自然、返璞归真，认为高山是神仙之居所，是故高峭雄峻、拔地通天的泰山便是道教理想的修道成仙的环境。唐高宗和武则天曾在泰山敕建醮造像，并立双束碑，碑上记录了封禅的诸多细节以及唐朝六帝一后数次派遣道士至泰山岱岳观建造像的史实（图2）。

因此，唐宋时期的泰山除作为帝王封禅圣地之外，还成为皇家斋醮的场所。相应的，泰山祭祀封禅的管理人员也已从先前的专职官员转变为道士主体。

可以看出，唐宋时期泰山道教的快速发展，使泰山封禅与道教紧密相连，之前以政治服务为目标的泰山管治形态开始发生变化，以祭祀封禅为表现形式的"宗教形态"逐渐成为泰山管治的主体。

图2　唐代泰山双束碑（图片来源：作者自摄）

1.5　元明清时期：民俗形态，山城经营

元代开始人们与上古礼仪愈加疏远，泰山封禅活动取消，撤销历代帝王对泰山的所有封号。同时，随着泰山宗教基地和设施的建设，香客、文人纷纷接踵而至，旺盛的进香活动开始带动各派宗教和商贾的主意。时值明代时期，民间对碧霞元君的信仰以完全不亚于泰山神，《明代东岳碧霞宫碑》记载，"近数百里，远即数千里，每岁瓣香岳顶数十万众。"这时期的泰山已发展为以民间祭祀和庙会为主要表现形式的

民俗山。因此，相应的管治措施也在之前宗教管治的基础上，增加了对民间祭祀活动的管治，主要包括香税管理、寺观修缮等经营措施，这时期的泰山管治也转变为"民俗形态"。

综上所述，泰山自秦前直至明清，在功能上和性质上经历了一系列的变化，在管治目的、管治措施等方面也呈现出相应改变（表1）。在这漫长的过程中，对泰山总体的格局形势演变起到关键性作用的管治方式，主要体现在建置、置官以及经营三个方面。

泰山管治形态演变　　　　　　　　　　　　表1

主要时期	行为表现	管治目标	管治措施	管治形态
秦前	山岳崇拜	—	巡守柴望	自然形态
秦汉	帝王封禅	服务封禅	为祀建置、专员专管	政治形态
唐宋	宗教建山	服务封禅与行道活动	迁治就山、道士经管	宗教形态
元明清	民间祭祀	管理民间祭祀与庙会	山城互促、营管分离	民俗形态

2　泰山管治的主要方式

2.1　岳治规画

2.1.1　因祀建置，迁治就山

有别于先秦和远古时期的山岳崇拜，秦汉时期泰山祭祀已成为一种极高等级的帝王封禅典仪。为保障封禅典仪的有序举行，西汉时期开始为五岳设置祭祀的祠庙[9]，"祀东岳泰山于博"便是泰山"岳治"的前身。进入唐代后，逐渐改从南侧道路进入泰山，因此原位于东部的奉高县逐渐废弃，博阳县逐渐兴盛，故便将太山岳治迁至南侧的博阳县。至北宋时期，由于东岳庙的兴盛已超过博阳县，且距离泰山主峰更近，更合适服务于宋代时期对泰山的"神祀"思想信仰，因此宋开宝五年，迁博阳县治于岱岳镇，以就岳庙（表2、图3）。

图3　历代泰山岳治变迁示意图（图片来源：作者自绘）

历代泰山岳治的变迁　　　　　　　　　　　　表2

时期	疆域	岳治城区	内容	变迁历程
秦	齐郡—博县	博阳县		博阳县
西汉武帝	兖州部—泰山郡—奉高县	奉高县	割赢、博二县地新置奉高县，用以专祀泰山	奉高县
唐代	河南道—兖州鲁郡—乾封县	乾封县	奉高县逐渐废弃，博城逐渐复兴。改博城为乾封	迁回博阳县
唐中后期		岱岳镇	东岳庙为中心。"镇"为唐代军事机构	岱岳镇
北宋	京东西路—兖州龙庆府—奉符县	岱岳镇	"镇"逐渐转变为地区性经济中心，规模已逾乾封县城，因此宋开宝五年，迁乾封县治于岱岳镇，以就岳庙。改"乾封县"为"奉符县"	岱岳镇
金	山东西路—泰安州—奉符县	奉符县—泰安军	在奉符县新设泰安军，"泰安"之名始此	迁回博阳县
		岱岳镇—泰安州	将泰安军治由奉符新城迁回岱岳镇旧治，改置为州，并环筑土垣	迁回岱岳镇
元明	山东布政使司—济南府—泰安州	岱岳镇—泰安州		迁回岱岳镇
清	山东布政使司—济南府—泰安州	岱岳镇—泰安县—泰安府	泰安城已发展成拥有25条街巷的鲁中都会	

资料来源：根据（明）汪子卿《泰山志》、（明）查志隆《岱史》及（清）金棨《泰山志》整理。

可以看出，早期（唐代之前）泰城的两处位置皆临汶水而设，体现的是传统"逐水而居"的城镇建置思想。中期（唐宋时期）由于帝王封禅活动达到极盛，因此岳治也随之迁至泰山脚下。之后，也就是短暂的中后期（金朝），帝王封禅祭祀活动的重视程度降低，岳治便又迁回原址，远离泰山。最终进入后期（元明清时期），虽然帝王祭祀的重视程度已大不如从前，但民间祭祀却在这时达到极盛，因此泰山的岳治又重迁回了岱庙。这一系列岳治的变迁，充分体现了城池因山岳而变迁的山城建置思想。正如《泰山述记》中对泰安城与泰山关系的描述："泰安之为郡、为州、为县，实以泰山故[10]"。

2.1.2 山环水绕，山城一体

北宋时期"迁治就山"的山岳管治方式奠定了泰山泰城互为一体的山城格局。总体来看，位于泰城北侧的泰山主峰及其东西两侧的东西神霄山、傲来山、摩天岭等支脉共同构成了泰安城的北侧高山屏障；泰城南侧的蒿里山、社首山、金牛山、亭亭、云云、梁父、徂徕等支山则共同组成泰安城的南侧低山屏障。同时，泰山西南麓发端的漆河紧绕泰城，与泰山东南麓发端的东溪汇合后，形成泰城的内环水系；泰山西麓傲来山流下的泮水与泰山东麓东神霄山流下的大津河交汇，形成泰城的中环水系；自东向西的小汶与汇流后的汶水形成了环绕泰城的外环水系。这样自北向

南、自东向西的三环水系，共同构成了山城空间的水骨架，由内而外围绕泰安城。最终构成了泰安城"山环水绕、山城一体"的同心圆空间格局。同时，泰山与泰城之间还有着明显的轴线关系。泰城以北的泰山主峰与岱庙和岱宗坊构成了清晰的山城中轴线，并且与祭地的梁父山也存在着清晰的南北轴线关系，鲜明地表达了当时祀天祭地的理念（图4、图5）。

2.2 置官
2.2.1 独立机构，统一管理

秦代对泰山的管理是由专门的官员负责，即"泰山守"和"泰山司空"，泰山守是管理泰山的专职官员，泰山司空是泰山守的属官，职掌山岳土木工程之官，其置官与郡等同[11]。此后，汉代泰山封禅达到一个前所未有的高度，为使泰山每年的封禅典仪更好地举行，专门设置了使者持节侍祠和山虞长对泰山的庙宇和山林进行统一管理，且山虞自设官署，独立于郡、县之外[12]：

马第伯自云某等七十人，先入山虞，观祭山坛及坛及故明堂宫，郎官等郊肆外，入其幕府观治石……太尉、太常斋山虞。[13]

可见，秦汉时期的泰山的林木管理、土木建设及祭祀封禅等方面皆是由独立于郡县之外的专职机构统一管理，这一时期可以说是泰山御治模式的典型阶段。

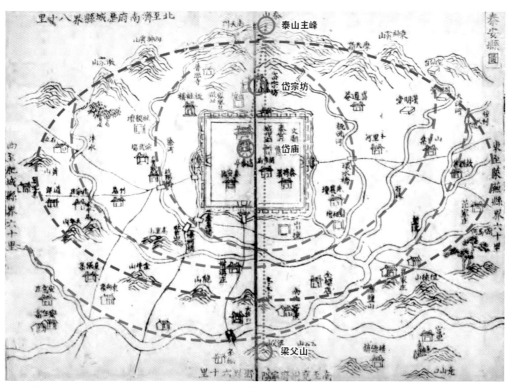

图4 清代泰山地区山城空间格局示意图 [图片来源:（清）颜希深，《泰安府志》卷一·泰安府志全图·泰安县图]

（a）

（b）

（c）

图5　泰山地区山城视线关系（图片来源：作者自摄）
（a）泰山西南低山区南望；（b）泰城漯河北望；（c）岱庙北望

2.2.2　地方兼管，道士经办

随着宋代帝王祭祀从"封禅"形式转变为"神祭"形式以及五岳祭祀的逐渐均等化，泰山封禅的管理事务不再繁多。因此自宋太宗时期，管理泰山的"庙令"和"庙城"开始由县令兼管，负责祭祀的相关事宜，并定期视察保证岱庙的整洁，同时又有巡山寺、掌岳令、掌岳掾主管泰山事宜；

> 自今岳、渎并东海、南海庙，各以本县令兼庙令，尉兼庙丞，专掌祀事，常加按视，务於蠲洁。仍籍其庙宇祭器之数受代，交以相付。本州长吏，每月一诣庙察举。县近庙者，迁治所就之[14]。

金朝直至清代，帝王对泰山祭祀封禅的重视程度降低，因此便撤去了专职管理泰山的职位，将泰山的管理责任全部委予地方州府。自此以后，泰山管理事权皆掌于州县，具体庙务由道士经办：

> 契勘岳镇海渎系官为致祭，祠庙合依准中岳庙体例，委所隶州府，选有德行名高道士二人看管祠庙。[15]

可以看出，宋代之后的泰山逐渐脱离中央朝廷，进入了地方州府全权管理的模式，这是泰山管理模式转变的重要标志。

2.2.3　设置专局，合责为一

然而，由于权责没有被明确划分，地方管理的模式并未达到高效的管理效果。至清代，傅增湘对泰山的管治提出了"应仿古代山虞之司"的设想，建议将胜迹保护、道路建设、自然保护、服务建设等各类事物全责合而为一，设为专局，且资金由国家财政拨款为主，地方财政为辅，虽未最终落实，但足以看出当时对山岳管理体制改革的思想，实与秦汉唐宋之泰山置官颇多相近：

> 余以为应仿古代山虞之司，参以近今管理之制，设为专局，特置官司，画分区域，类别条流。凡属山中古迹胜区，钜细不遗，咸加籍记，公私所属，各专责成……资财则出于国帑，而助以邑钱；官吏则一其事权，而参之舆论。[16]

综上所述，可见泰山是典型的御治模式，但也经历了从专管——兼管——（建议）专管的三个主要阶段。值得注意的是，泰山最初的管治模式与最终所倡导的管制模式是基本相同的，皆是在国家层面设立专局，实施统一管理。

2.3 经营

2.3.1 以山养城

宋代末期至明代，泰山封禅祭祀逐渐被民间的香火传承所取代，大量的香客纷纷接踵而至，朝廷便不得不开始对其进行管理。当时朝廷主要采取的是对进山的香客收取"香税"的方式。另外，香客在山顶碧霞祠祈福时所供奉的香钱和各类贡品，也是当时泰山的主要收入。总体来看，明清时期泰山资金来源主要有二：香税收入和贡品收入，其中最主要的是贡品收入（表3）。

除去维持机构运转的州府拨款，泰山所收取的香税及贡品皆要上缴至政府，以充盈国库银仓。其中价值高的部分入缴国库，用于国事；价值低的入缴省库，用于公堂庆贺；剩余零碎物品则入缴府库，用于官员俸禄折算（表4）。由此可见，泰山的收入统一上缴国库及州府库，体现了"以山养城"的山岳管治思想。

2.3.2 以城哺山

虽然泰山的香税和贡品皆统一入缴至国库及州府库，但除用作修筑城墙、协助科场、赈济灾民、佐济军饷等国事之外，香税还主要用于对泰山的庙宇的修缮和建造，且有着明确的制度规定。明代在银8分的入山香税，规定其中5厘作为修庙的基金[17]；清初，又在银8分的基础上增加工银1分，作为"递年庙内，添补用度之用[18]"，反哺于山。明清时期用香税修葺的主要庙宇见表5。

清初泰山年度收入		表3
类别	金额	比例
香税收入	5934 两银	18.36%
贡品收入	24148 两银	74.70%
合计	32326	100%

资料来源：陈伟军，泰山文化概论 [M]. 济南：山东人民出版社，2012。

泰山香税即贡品收入去向			表4
时间	香税	贡品	
		价值高	价值低
嘉靖三十七年（1558年）前	山东府库	山东府库	济南府库
嘉靖三十七年后	山东府库	太仓银库	山东府库（铜钱）	济南府库（袍服沙罗）

明清时期泰山香税用于修缮建造泰山庙宇				表5
时间	庙宇	主事者	经费	备注
嘉靖42年（1563年）	丰都庙（泰山南麓）倾圮	济南知府 翟涛	兴事资费，取给予香税，而于农民，秋毫无所干扰	（明）查志隆《岱史》卷九·灵宇纪
万历13年（1585年）	东岳庙（泰山南麓）渐圮	济南府通判 张世臣等	香税所积，自可充修庙费，毋用仅明旨，动内帑为也，凡费金九百余，不动民财	（明）查志隆《岱史》卷九·灵宇纪
万历年间（1573～1619年）	碧霞灵应宫，构翼室，以居黄冠	—	有司以香税余钱	（明）查志隆《岱史》卷九·灵宇纪

2.3.3 营管分离

乾隆即位后，发现平民百姓无力缴纳进山香税，就不能登岱顶祈求碧霞元君，随即于清雍正十三年（1753年）废除了长达220年的泰山香税制度：

> 朕思小民进香祷神，应听其意，不必收取税银，嗣后将香税一项，永行蠲除。如进香人民，有愿舍香钱者，各随愿力，不得计觉多寡，亦只许本山道人收存，以资修葺祠庙山路等费。不许官吏经手，丝毫染指，永著为例。[19]

从当年康熙废除香税制度的指令中，我们可以看出当时关于泰山经营管理制度的几点思想。首先是废除进山香税，也就相当于废除了门票收费，采取了免票制度。其次，对于香客自愿供奉的香钱不予强制规定，也不予金额规定，但明确这项收入只许所在道观收存，不许政府参与涉及，这项"营

管分离"的制度则从根本上杜绝了政府利用行政手段干涉保护地经营所得的可能性。第三，"以资修葺祠庙山路等费"表达的则是专款专用、反哺于山的经营制度。

3 古代泰山管治方式对现代国家公园体制建设的启示

国家公园是带有鲜明西方文化特色的现代自然资源管理方式，但中国的自然保护思想和实践早在3000多年前就出现了，并且产生了众多与祭祀封禅、佛教道教有关的"名山风景区"，这些早期的"自然保护地"是现代中国"国家公园和自然保护地"的雏形和历史基因[20]。泰山作为古代御治山岳的典型代表，其管治思想和管治方式是值得深入研究的。

3.1　管理体制

泰山可以说是国家政府介入管理较多的案例。泰山的管理经历了国家设置专职部门的直接管理模式和后来的属地管理模式，而在清代后期设立专局统一管理，即将泰山胜迹保护、道路建设、自然保护、服务建设等各类事物全责合而为一，设置专局进行管理，并由国家财政拨款为主，地方财政筹措为辅的设想，实与许多国家公园的管理模式不谋而合，且这种整合管理职能的思想也正是中国自然保护地体制改革和国家公园体制建设的重要任务之一。此外，明清泰山的管治还有诸多来自各方利益相关者的参与协助，包括地方官府的日常管理、宗教机构的祭祀管理、民间香社对香客的组织以及当地民众经营街市庙会等行为，构成了多方利益相关者参与协调的共治模式。

总体来说，中国国家公园可以采用以中央宏观管治为主，省级直接管理的基本管理体制，并结合多方利益相关者共同参与的共治模式。采取此种模式的原因有二：一是从公园资源和地理位置上说具有国家战略性，需要中央以法律政策资金保障国家公园的公益性。二是从公园区域经济文化发展上说具有明显的地域性，需要地方政府、企业、社区、社会组织共同参与以促进社区发展和生活质量的提高。

3.2　社区发展

泰城建设在泰山脚下，既满足了当时香客的住宿餐饮，又带动了泰城的发展。这种将服务基地设置在自然保护地范围之外的建设思想，在保证服务提供的同时也保护了泰山自然的山体环境，正是古代名山建设的智慧体现。

我国自然保护地的一个鲜明特征就是存在大量的原始村落，且这些村落的居民多是以高度依赖自然的传统生产生活方式进行生活，这也是我国国家公园区别于美国国家公园最重要的一点。因此，我国的国家公园既是生态系统及自然资源的管理工具，也是实现人与自然和谐共处、平衡资源保护与居民生产生活的重要途径。对社区的管理前提应是保障社区的有效参与，搭建社区参与平台。结合国家公园管理过程中可能涉及的公众主体及实际情况，依据社区的参与程度，将我国国家公园的公众参与途径分为信息反馈、咨询、协议以及合作4个层级[21]。

因原始住民是地方文化的传承者，对他们及其所在社区的管理是文化景观保护的重要内容。国家公园管理部门对当地原住民有协助管理责任，包括提高社区牧民生活质量、促进区域经济增长、维护地方知识体系传承、提升当地居民文化和道德水平、协助维护社会秩序等内容。社区进行有效管理，即可增强国家公园资源保护的有效性，又可提升社区居民的生活质量，增强当地的文化认同，从而更好地维护和传承地方知识体系。

3.3　经营机制

虽然当时泰山在一段时期收取了香税，类似于我们现在的景区门票，但其票价却是较如今的泰山风景名胜区低了十几倍至几十倍。"国之大事，在祀与戎"，当时的泰山是全国人民祭祀祈福的圣地，正是通过其之后的免票制度体现了它的公众性和公益性。而现代国家公园的基本属性之一，其重要属性之一就是公众性和公益性。

此外，明清泰山香税管理施行的是收支分离制度，并明确规定定额比例反哺于泰山祠庙的修缮和维护。同时，清代在对泰山取消香税收取之后，便明确规定泰山的进香祈福活动应基于民众自愿的基础，并且政府不得对这些进香活动以及由进香产生的庙会活动进行经营，更不能对这些经营收入进行收取。这种收支分离、反哺保护地修葺维护以及经管分离的经营模式，是值得被现代中国国家公园深思和借鉴的。

数百年前泰山的保护建设和管理模式可以说的当时的"国家公园体制"，这其中有可被现代国家公园建设所借鉴的，也有一些经验教训可以对比如今的自然保护地建设而深刻反思的，如何延续、置换和重构这些传统的"国家公园"保护建设管理方式，是将国家公园这一带有浓烈文化符号特征的西方管理模式真正做到本土化的重要抓手。

参考文献

［1］(汉) 刘安.淮南子［M］.北京：中华书局，2016.
［2］(战国) 公羊高.春秋公羊传，僖公，卷十二［Z］.
［3］陈水云.中国山水文化［M］.武汉：武汉大学出版社，2001.
［4］［5］(东汉) 班固.白虎通义，卷五，巡狩［Z］.
［6］(东汉) 班固.白虎通义，卷五，封禅［Z］.
［7］(东汉) 应劭.风俗通义，山泽第十·五岳.
［8］(汉) 司马迁.史记，卷二十八，封禅说第六［Z］.
［9］周维权.中国名山风景区［M］.北京：清华大学出版社，1996.
［10］(清) 宋思仁.泰山述记，卷一，疆域考［Z］.
［11］周郢.“泰山守”与“泰山司空”：秦代泰山置官考［J］.泰山学院学报，2012，34(4).
［12］陈伟军.泰山文化概论［M］.济南：山东人民出版社，2012.
［13］应劭.汉官马第伯封禅仪，转引自：马铭初.泰山历代文史粹编［M］.山东：山东友谊书社，1989.
［14］(明) 王圻.读文献通考［Z］.
［15］(金) 张暐.大金集礼，卷三十四，岳镇海渎·杂录.转引自：周郢.“泰山守”与“泰山司空”：秦代泰山置官考［J］.泰山学院学报，2012，34(4).
［16］傅增湘.岱岳重游记，载藏园游记，卷六［D］.北京：印刷工业出版社，1995.
［17］蔡泰彬.泰山与太和山的香税征收管理与运用［J］.台大文史哲学报，2011，74：127-179.
［18］(明) 查志隆.岱史，卷十三，香税志［Z］.
［19］(清) 嵇璜.钦定续文献通考，卷二十四.转引自：蔡泰彬.泰山与太和山的香税征收管理与运用［J］.台大文史哲学报，2011，74：127-179.
［20］杨锐.国家公园与自然保护地［M］.北京：中国建筑工业出版社，2016.
［21］张婧雅，张玉钧.论国家公园建设的公众参与［J］.生物多样性，2017，25(1)：80-87.

The Governance Mode and Revelation of Mount Taishan in Ancient Time

Zhang Jing-ya　Zhang Yu-jun

Abstract: Taking Mount Taishan as an example, the causes and history about the governance of Mount Taishan in ancient time was firstly retrospected, and four periods of its governance form are proposed, which are nature form, political form, religious form and folk form. Secondly, the governance mode was analyzed by expounding in three aspects, including Mount Governance planning, official setting and operation. In the end, combining with the existing circumstances, a prospect was made on the future National Park System construction in China from management system, community development and operation system.

Key words: famous mountain; Mount Taishan; governance; national park

作者简介

张婧雅 /1987 年生 / 女 / 山西人 / 北京林业大学园林学院风景园林专业博士研究生 / 研究方向为风景区规划、国家公园
张玉钧 /1965 年生 / 男 / 内蒙古人 / 北京林业大学园林学院旅游管理系教授 / 博士生导师 / 研究方向为保护地管理、生态旅游

Developing Connections in the Discipline of Landscape Architecture between China and Aotearoa New Zealand

Mick Abbot   Jacky Bowring

Abstract: Creating connections forms new ground for collaboration. Our work creates connections between two places which are worlds apart. China is a vast country, spread out across Asia, and occupied by one of the world's oldest civilisations. Aotearoa New Zealand is a small island nation in the South Pacific, and is one of the world's most recently settled countries. Through the development of a 'Three Brothers' Research Collaboration between Lincoln University, Tsinghua University, and Kunming University of Science and Technology, and also with Beijing Forestry University, connections are being made between diverse contexts, allowing knowledge exchange and exploration of how diverse opposites can also strongly complement.

Key words: landscape architecture research; collaboration; conservation parks; China; New Zealand

1　Introduction

Cultural comparisons can reveal different practices and understandings, and can in turn lead to a process of adoption and adaption. In this way comparing cultures need not only be a theoretical task, but also a practical one that seeks mutual benefits for all of the groups concerned (Minkov 2013). Furthermore, learning from other cultures takes individuals beyond the limitations of a particular culture and provides them with an expanded worldview (Dervin 2017). For China and Aotearoa New Zealand there is the potential to change each other's places through exploring how different legacies of conservation park and garden management can be transferred and translated between the two settings.

1.1　China and New Zealand's Growing Economic and Cultural Relationship

Following 2008's New Zealand–China Free Trade Agreement (FTA), tourism and education links between China and New Zealand have grown rapidly. In 2015 exports from New Zealand to China were valued at 10.7 billion NZD, establishing China as New Zealand's second largest export market. This includes 2 billion NZD in tourism revenues generated by 330,000 Chinese tourists that account for 11% of the international visitors to New Zealand. China is now New Zealand's largest long-haul tourism market (China - New Zealand trade, investment and migration, 2015). The Chinese and New Zealand governments have together made 2019 the 'China-New Zealand Year of Tourism' to both celebrate and further develop tourism between the two nations (New Zealand Government, 2017). With an estimated 23,000 students, China is New Zealand's largest source of international students, who comprise 47% of the country's international university level students (Regional Visa Dashboard 2015).

1.2　Developing Links between Chinese and New Zealand Universities

Within these emerging connections the landscape architecture programmes at Lincoln University, Tsinghua University, and Beijing Forestry University have sought to identify opportunities for research and teaching partnerships. The relationship with Tsinghua university was formalised in 2015 in a 'Three Brothers Agreement' that also includes Kunming University of Science and Technology.

As part of these links researchers and educators from Tsinghua University have visited Lincoln University and studied New Zealand's national park system. As well as presenting research a three-week field trip for Chinese national park managers that studied key topics took place. This exchange of ideas included: the system, history, development, and values of New Zealand's national park system; environmental impacts, risk management, and evaluation; indigenous understandings of conservation and environment; recognising and engaging with the rights and interests of M ā ori in conservation contexts; stakeholder partnerships, trusts, volunteers, and tourism interests; interpretation design and evaluation; and heritage conservation (Fig.1).

Reciprocal visits to Tsinghua and Kunming continued opportunities to foster research links. As well as research presentations and the co-hosting of a series of design-directed research workshops, fieldwork was undertaken in Chinese national parks and protected area contexts including Pudacuo National Park, Meili Snow Mountain Park, and Mount Huangshan National Park, as well as UNESCO World Heritage Sites in Beijing and Kunming (Fig.2).

The connections developed present an intriguing polarity of context, and a complementarity of expertise. Tsinghua University was established in 1911 and occupies part of an historic garden complex, the Yuanming Yuan Imperial Garden dating from the late eighteenth century. The complex was made up of five gardens, with the Xichun Yuan (Qinghua Yuan) at Tsinghua. The remains of this garden as part of the campus form part of a matrix of historic gardens which are woven into the fabric of contemporary Beijing, including the Summer Palace, Temple of Heaven and Sunshine Hills (Chen 1996, Duan 1980). By contrast, Lincoln University was established in 1878 as a School of Agriculture, and an agricultural setting characterises the immediate context of the campus. The backdrop to this setting, as in much of New Zealand, are large-scale conservation parks protected for a range of values including scenery and natural heritage. Lincoln has a long tradition of research and teaching in the high country, including soil conservation, farming, recreation, tourism and design. Tsinghua's tradition is based on its motto of 'self-discipline and social commitment', and since its establishment in 1911, and with its 14 schools and 56 departments, including faculties in science, engineering, humanities, law, medicine, history, philosophy, economics, management, education, and art, is a comprehensive research university.

Figure 1　Visit by Tsinghua University researchers and Chinese protected area managers to Lincoln University and New Zealand National Park sites

Figure 2   visit by Lincoln University researchers to Tsinghua University and Chinese National Park sites (Photos by Mick Abbott)

Lincoln University is also developing connections with Beijing Forestry University. Beijing Forestry University focuses on forestry and ecology while Lincoln University is New Zealand's specialist land-based university. Each institution therefore shares common interests in teaching and research around landscape and the environment, with this providing further opportunities for collaboration.

1.3   Challenging the Centres of Landscape Architecture

For both China and Aotearoa New Zealand the assumed 'centre' of the discipline of landscape architecture lies outside of their countries. While both countries have their own strong traditions of landscape, the professional centre of gravity is found elsewhere, specifically in North America and Europe. European landscape design has a lengthy legacy, and through the vectors of colonialism its language has been carried around the globe. New Zealand carries the indelible imprint of the British Empire, with the designed landscape reflecting the pervasive palette of the picturesque, the eighteenth-century English style carried in the minds of the colonials. This style brings a curious link to China, with Chinese scrolls having been one of the key influences on the aesthetic language of the picturesque, providing an image of a designed naturalism.

North America's influence has also been pervasive, most notably with the formulation of the profession of landscape architecture. It was in New York that the term landscape architect was first used by Frederick Law Olmsted, designer of Central Park – the inspiration for so many parks internationally. The poles of North America and Europe set up self-declared centres for landscape architecture, setting agendas, writing charters, establishing degrees, and creating the norms for professional standards. It is therefore to these two 'centres' which New Zealand and China have looked for validation, education, and information.

While looking towards these centres, the fields of landscape architecture in New Zealand and China have not really been looking at one another. A reorientation that includes turning towards one another brings new possibilities, but care must be taken not to be naïve with such a re-orientation, as in denying the influence of the traditional centres of the discipline in Europe and North America. The challenge is to negotiate a mediated conversation, a parallel to the theory of critical regionalism which proposed a simultaneous engagement with culture and civilisation – or with the local and the global. While critical regionalism offers a frame for navigating the universal and the particular qualities of design, it has also been compromised by its presumption of a centre and periphery relationship, where the periphery resists the centre. However, as critic Keith Eggener (2002) points out, the so-called peripheral regions such as South America were not in fact 'resisting the centre' in terms of their design work being in conversation with North America for example – they were their own centre – and the writings of theorists like Kenneth Frampton simply reflected a geographical bias. For China and New Zealand a non-biased version of critical regionalism offers a possible way of framing a relationship that recognises each other as centres in their own right.

1.4 The Traditions of the Garden and the Conservation Park

In the context of landscape architecture the definitive typologies of China and Aotearoa New Zealand are arguably the garden and the conservation park: in China, history is the binding narrative for its gardens; in New Zealand it is a narrative of a pristine nature that dominates. Chinese gardens are characterised by binding narratives of history, and a dialogue with nature. The gardens resonate with the larger landscape through microcosm, where compositions and elements represent aspects of nature in miniature. This is reinforced by the use of borrowed landscape, *jie jing*, which frames and draws in the landscape from the distance. Maggie Keswick (2003), a historian of Chinese gardens, describes the development of this idea in the 4th century AD, where pavilions would be built to enjoy the landscape as an *object trouvé* – a 'found object'. This, she notes, was a process that "turned the whole landscape into a 'garden'" (Keswick, 2003, p. 90). Elements of the natural landscape are also represented in microcosm within Chinese gardens, including waterbodies, rock features, and vegetation, as in the tradition of miniaturised trees or *penjing*. Added to this are the poetic names for the gardens and their elements, for example Yuanming Yuan, which is translated as, the Gardens of Perfect Brightness. The transformation of landscape into a nature-like garden brings with it a particular regime of care, with the preservation of distinctive compositions and an almost museum-like curation of the elements.

For Aotearoa New Zealand, areas are protected by legislation, and primarily valued for a narrative of pristine nature. The presence of culture in these natural areas is notionally denied, a sleight of hand which is reinforced by imagery which presents the landscape as absent of people, and by implication untouched and whose human history is of diminished value (Abbott and Reeve, 2011). Overlaying this is a certain pragmatism that is evident in aspects as straightforward as the naming of landscape elements and the parks themselves.

In more recent times the incorporation of pre-European settlement Māori names has infused some protected areas with a poetic sensibility, but in many cases park names remain perfunctory, such as 'Arthurs Pass National Park', 'Nelson Lakes National Park', and 'Fiordland National Park.' This pragmatism and disguising of a cultural relationship is reflected in missed opportunities for the design of park infrastructure. Specifications for bridges, boardwalks, signs, and huts by the Department of Conservation - the government agency responsible for National Park management – emphasise standardised design and engineering values such that ways to express a human relationship with protected nature are not considered: it is as though a non-designed approach might make those elements made by and for people invisible (Abbott, 2011). At the same time, the aspiration that it may be possible to be completely removed from civilisation is powerful. The discourse of nature and wilderness is strong as a narrative for these places, and is evident in the rapidly increasing projects and organisations that both seek to eradicate invasive animal and plant pests, and also actively increase biodiversity through volunteer planting and species recovery work.

The reversal of these two positions offers the opportunity to trade knowledge, and learn from one another's perspectives. From the idea of a garden as a landscape microcosm, something to be tended and named poetically, Aotearoa New Zealand might embrace a more overtly cultural attachment to its protected areas. This could include an expanded repertoire of activities in national parks, which rather than diminishing their natural qualities, might enhance them through that sense of framing, and caring of the elements for their cultural associations as much as their pristine qualities. Perhaps China might take from the idea of nature as pristine, and in opposition to civilisation, that there may be a way of being macrocosmic. Rather than shrinking landscape elements, is there a way of expanding them so that a person might be engulfed by nature, and both feel apart from civilisation while actively building biodiversity?

2 Current Collaborations and Opportunities for Research

This theme of creating connection generates the opportunity to directly combine the expertise of landscape architecture programmes in China and New Zealand, including Lincoln University, Tsinghua University, and Beijing Forestry University, and also the research contexts they are directly part of: each have an emphasis on the analysis and design of contemporary conservation parks and gardens.

2.1 Creating Connections: The Story of New Zealand's National Parks Exhibition

In 2017 Beijing's Museum of Chinese Gardens and Landscape Architecture, with principal support from Beijing Forestry University, hosted an exhibition with Lincoln University on the development of New Zealand's National Parks (Fig.3).

The exhibition presents the multiple drivers for the development of New Zealand's national parks. It began by setting the country's ecological context, outlining how the geological formation of New Zealand as a series of islands that split away from the supercontinent Gondwana created unique forms of flora and fauna and in particular birds. It then showed the radical environmental changes that occurred to it after the arrival of people, which resulted in massive deforestation and the extinction of many indigenous bird species. Visitors are then taken through the unique story that led to the development of each of New Zealand's thirteen national parks, as key aspects and drivers of each are portrayed through text and images. The exhibition also details the current governance and management structure of New Zealand's national parks, including a timeline of the development of the Department of Conservation, the national governmental body responsible for all protected areas. It also discusses the many technological and commercial innovations that have been inspired by New Zealand's national parks, and which are generators of economic activity, which range from merino clothing to the jet boat. Finally, the exhibition finishes with the work of from Lincoln University School of Landscape Architecture's Design Lab, which proposes options for contemporary national park scenarios that are relevant to a twenty-first century protected area ethos.

Figure 3　Entrance of Beijing exhibition on New Zealand National Parks
(Image by the authors)

2.2 Comparing China and New Zealand: Opportunities for Prospective Research

The process of cross-cultural exchange creates a common ground, and can be an opportunity to enhance both similarity and difference. The Protected Natural Areas of China's Meili Snow Mountain Park and Aotearoa New Zealand's Aoraki Mount Cook National Park are both high alpine landscapes, but with very contrasting cultural presences. Comparing these sites can provide rich cross-cultural insight into the different roles people play within landscape in both New Zealand and China. Another possibility could be to hold an exhibition on Chinese Gardens in New Zealand. This could provide the opportunity for New Zealand to learn from China's rich garden and landscape history. There is also the potential to develop a comparative typology of protected areas in China and New Zealand so that each country can learn from the evolving way each structures their protected areas.

2.3 Changing Places: Prospecting Conservation Parks and Gardens

These research collaborations are also examining two 'expanded sites' – parks in China's largest city, Beijing, and parks in Auckland, New Zealand's largest city, with studies in both cities being undertaken. It seeks to consider, in turn, an aspect of each 'site' through respective lenses of water, biodiversity, management, memory, and activities. The research goals are both interpretive and prospective. Each examination compares parks in terms of what they reveal of current conditions, and then, through considering ways features distinctive to one country might be incorporated into the other, explore the imaginative potential of cross-cultural research. The Beijing sites include the inner-city Temple of Heaven,

a UNESCO World Heritage Site and popular destination for community activities and international visitors; the Summer Palace, also a UNESCO World Heritage Site located on the large Kunming Lake; and Xiang Shan Park, which includes popular walks in the Fragrant Hills. The three Auckland sites include Tiritiri Matangi Island, a pest free sanctuary island that is part of the Hauraki Gulf Marine Park; the Waitakere Ranges Regional Parkland, which includes over 250km of trails; and Maungawhau/Mount Eden, a city park located on an extinct volcano which also has significance for indigenous Māori people. It cannot be assumed that any three parks might be representative of the spectrum of park features available across a city. Moreover, our purpose in selecting these sites is to choose parks that can foster cross-cultural critique so richer understandings of the character and potential of the respective parks might be possible, and that commonalities and distinctions of interpretation by the respective research teams can be identified.

3 Conclusion

Our intent across this research is to progress ways protected areas within Aotearoa New Zealand might extend their social and cultural value while keeping their environmental and conservation-based value high. Similarly, the research within China can seek ways to build environmental values while also ensuring enduring social, cultural, and historical values remain strong. Bridging becomes a form of connecting values such that beneficial approaches can be exchanged and shared, with connections made between diverse contexts that includes exchanging knowledge, sharing skills, and exploring how polar opposites can be highly complementary.

References

[1] Abbott, M. (2011). 'Being Landscape'. In M. Abbott, J. Ruru and J. Stephenson (Eds.), *Making Our Place: Exploring Land-use Tension in Aotearoa New Zealand* [M]. Otago: Otago Univesity Press.

[2] Abbott, M. and Reeve, R. (2011). 'The Shape of Wilderness'. In M. Abbott and R. Reeve (Eds.), *Wild Heart: The Possibility of Wilderness in Aotearoa New Zealand* [M]. Otago: Otago University Press.

[3] Chen, Z. (1996). Preserve the Ruin, restore Yuan Ming Yuan or not. In D. Wang (Eds.), *History, Current Situation, and Debates* (pp. 718-727) [M]. Beijing: Beijing Public.

[4] Dervin, F. (2017). *Critical Interculturality: Lectures and Notes* [M]. Cambridge: Cambridge Scholars Publishing.

[5] Duan, J. (1980). There's no Harm of Research and Discussion but no need for Restoration. In D. Wang (Eds.), *History, Current Situation, and Debates* (pp. 784-785) [M]. Beijing: Beijing Public.

[6] Education New Zealand. (2015). *Regional Visa Dashboard*, Retrieved March, 23, 2017 from: http://enz. govt. nz/markets-research/general-research/regional-student-visa-dashboard-september-2015.

[7] Eggener, K. (2002). *Placing Resistance: A Critique of Critical Regionalism* [J]. *Journal of Landscape Architecture*, 55(4), 228-237.

[8] Keswick, M. (2003). *The Chinese Garden: History, Art, and Architecture* [M]. Cambridge: Harvard University Press.

[9] Minkov, M. (2013). *Cross-Cultural Analysis: The Science and Art of Comparing the World's Modern Societies and their Cultures* [M]. London: sage.

[10] New Zealand Government. (2016). *2019 China-New Zealand Year of Tourism*: https://www. beehive. govt. nz/release/2019-be-china-new-zealand-year-tourism.

[11] Statistics New Zealand. (2015). *China-New Zealand Trade, Investment, and Migration*, Retrieved March, 23, 2017 from: http://www. stats. govt. nz.

建立中国与新西兰风景园林学科之间的联系

米克·阿尔伯特　杰克·鲍林

摘　要： 合作以建立联系为基础。我们的工作建立了世界上两个国家之间的联系。中国横跨亚洲，是一个幅员辽阔的国家，为世界最古老的文明之一。新西兰是南太平洋的一个小岛国，也是世界上人类新近移民的国家之一。通过建立林肯大学、清华大学与昆明理工大学的三方研究合作项目，以及与北京林业大学之间的合作，多元背景下的联系正逐步形成，这种联系促进知识的相互交流，对于探索多样化的对立面也是强有力的补充。

关键词： 风景园林研究；合作；保育公园；中国；新西兰

作者简介

米克·阿尔伯特 / 博士 / 新西兰林肯大学园林学院副教授 / 园林设计室主任
杰克·鲍林 / 新西兰林肯大学园林学院

中国传统文化对园林一法多式的营造影响

陈进勇

摘　要：道家"蓬莱、方丈、瀛洲"三座神山的神仙思想，促成了秦汉时期"一池三山"的宫苑布局，并经隋、唐和元、明，延续至清代，成为宫苑池山的模式，在圆明园、颐和园、避暑山庄等皇家园林出现了多种"一池三山"的山水格局式样。庄子与惠子关于鱼之乐的濠梁之辩，与中国的山水园林相结合，催生出了濠濮间、知鱼桥、知鱼亭、知鱼槛等众多园林景点，用来表达造园的情趣。曲水流觞最初本是文人雅集的户外活动，引申到园林中，产生了各种流杯渠和流杯亭样式，如故宫宁寿宫花园的褉赏亭、恭王府花园的沁秋亭以及潭柘寺的猗玕亭等，表现了一法多式的创作手法。道家"壶中天地"的思想影响着园林的创作理念，使园林在有限的天地里表现出方外壶天世界和深远的意境，如苏州留园的小蓬莱、杭州西湖的小瀛洲等。可见，中国传统文化对园林的营造产生了深远的影响。

关键词：中国传统文化；园林；一法多式

中国园林秉承天人合一的宇宙观和哲学思想，达到"虽由人作，宛自天开"的效果，在世界上独树一帜，并引领着风景式园林的发展。"道法自然"是道家哲学的核心，也是中国园林营建的核心思想。道家神仙思想促成了秦汉时期"一池三山"的宫苑布局，并成为创作宫苑池山的一种模式延续下来，演变出多种变异模式，构成了皇家园林的山水格局主体 [1, 2]。

道家的哲学思想和故事也影响着园林的设计思想，如庄子与惠子的濠梁之辩，本来是一个非常有趣的哲学问题，运用到水景园林中，催生出了濠濮间、知鱼桥、知鱼亭等景点，用来表达园主人的思想和情趣。曲水流觞的文人雅集活动，因为王羲之的《兰亭集序》而家喻户晓，里面描述的文人寄情于山水之间的情怀让无数人倾倒，相关的风景园林绘画也应运而生，并产生了流杯渠、流杯亭等各种样式的园林创作手法 [3, 4]。

道家"壶中天地"的思想则影响着私家园林的创作理念，使园林变得更加精致，在有限空间里体现出造园技艺和深远的意境 [5]。

1　"一池三山"的山水园林

中国古典园林中的"一池三山"有着极其深刻的文化渊源，与道教是分不开的。道家推崇神仙思想，传说东海之东有"蓬莱、方丈、瀛洲"三座神山，并有仙人居之，仙人有长生不老之药，食之可长生不老。因此，以自然仙境为造园艺术题材的园林便应运而生。在皇家园林中，通过人工掇山理水的山水创作手法，再现东海仙山的风光意境，是帝王求仙思想的重要载体以及仙苑式皇家园林的主要特征之一。

最早出现在史书中的皇家御苑挖池筑岛模拟仙山的宫殿为秦代的兰池宫，"始皇引渭水为池，东西二百里，南北二十里，筑土为蓬莱山，刻石为鲸鱼，长二百丈。"建章宫为历史上第一座完整呈现"一池三山"格局的园林，"其北治大池，渐台高二十余丈，命曰太液池，中有蓬莱、方丈、瀛洲、壶梁，像海中神山龟鱼之属"，是汉武帝为求仙以长生而建造的，寄托其情感的园林。隋炀帝杨广于洛阳建西苑，《隋书》记载"西苑周两百里，其内为海，周十余里，为蓬莱、方丈、瀛洲诸山，高百余尺。台观殿阁，罗络山上"。

元代大内御苑太液池中三岛布列，由北至南分别为万岁山、圆坻和屏山，明清改万岁山为琼华岛，圆坻为团城半岛，并与屏山相连，在西苑南部开凿南海，挖土堆筑南台岛，形成琼华岛、团城和南台新的"一池三山"形式。

承德避暑山庄的湖区，全部由人工开凿，湖区中心有如意洲、月色江声和环碧三个岛屿，中间连以长堤——芝径云堤，堤岛分隔湖面形成中国古代吉祥物"如意"、"灵芝"的形状，使湖中三岛的形象构成一棵"如意灵芝"树（图 1），为"一池三山"的传统湖岛模式增添了新的意境。

　　圆明园福海为面积最大的水面，达 28.5 万 m²，中央

三岛紧靠，中岛最大，约 45m 见方，东、西两岛为 20m 和 30m 见方，呈西北往东南方向斜展，布局成一点位于水中央，突出了海中仙岛神秘感（图 2）。蓬岛瑶台以其巨大的震撼力，成为圆明园四十景之一。

图 1　承德避暑山庄的"一池三山"布局

图 2　圆明园福海的"一池三山"布局

　　清漪园（现颐和园）将一个大水面（昆明湖）用筑堤的办法分成三个小水面（西湖、养水湖、南湖），每个水面中各有一岛，西湖中有治镜阁（阁岛），养水湖中有藻鉴堂（山岛），南湖中有南湖岛，形成湖、堤、岛一个新的"一池三山"形式（图 3）。而且，在塑造三个大岛的同时，还在南湖大水面上增添了三个小岛——知春岛、小西泠和凤凰墩，三个小岛都各有千秋，体现了中国造园艺术的高超与奇妙。

　　尽管池中三岛的形状、分布、建筑艺术各具特色，但万变不离其宗，即"一池三山"的山水格局。中国传统的园林艺术讲究"一法多式，有法而无式"，有一定的法则却没有固定的模式，因此才有了各朝各代的创新和发展，使中国园林的掇山理水之术得以发扬光大。

2　"濠梁观鱼"的自然园林

　　庄子与惠子关于鱼之乐的"濠梁之辩"，经过历代文人的不断诠释，不仅融入到了园林中，而且形成了独特的园林景观。东晋简文帝入华林园就曾对左右说："会心处不必在远，翳然林木，便自有濠濮间想，觉鸟兽禽鱼自来亲人"。南北朝北魏郦道元《水经注》记载大明湖："池上有客亭，左右揪桐，负日俯仰，目对鱼鸟，水木明瑟，可谓濠梁之性，物我无违矣。"明代计成在《园冶》提到"或翠筠茂密之阿，苍松蟠郁之麓；或借濠濮之上，人想观鱼。"可见园林中通过山水花木配置和禽鸟相融合，能达到水木禽鱼自亲、人与自然和谐相处、物我相忘的境界。

　　北京西苑北海中有濠濮间（图 4），为三间水榭，坐南朝北，有一座九曲雕栏石桥跨水而建，北接石坊，坊上石刻横书，南向为"山色波光相罨画"，北向为"汀兰岸芷吐芳馨"。整体空间南北狭长，中为水池，东、西、北三面土山环绕，树木葱郁，环境清幽。乾隆在《御制濠濮间诗》中写道："聊因构朴屋，讵欲拟华林。仰俯得天趣，冲融散远襟。生机含水石，静度逮鱼禽。"指出了仿华林园而建濠濮间，营造观鱼赏鱼、

图 3　颐和园的一池三山布局

与鱼同乐的清幽自在的意境。

承德避暑山庄三十六景之一的"濠濮间想"亭，为六角双檐，前对如意洲，背衬万树园。景观看似简单，但环境处理自然得当，"茂林临止水，间想托身安。飞跃禽鱼静，神情欲状难。"静坐亭中，可见茂林密草，鸢飞鱼跃，能人无穷的自然享受。

颐和园谐趣园乾隆时期为清漪园惠山园，仿无锡寄畅园而建，知鱼桥为惠山园八景之一，七孔石桥，贴近水面，长桥卧波，与秋水濠梁同趣，桥头为一座高 2.57m 的石牌楼，上面镌刻着乾隆帝题写的"知鱼桥"题额（图5）。乾隆还写了不少吟诵知鱼桥的诗，如乾隆五十六年（1751年）题"婉转曲桥若濠上，悠鱼自出身游之。凭栏每论知否者，总是惠庄隐笑时"。知鱼桥与北海濠濮间的石桥均是乾隆手笔，且均是石桥望柱，桥头为单门石牌楼，然二者一直一曲，有异曲同工之妙。

乾隆对濠梁之辩情有独钟，将静宜园香山寺前放生池命名为静宜园二十八景之一"知乐濠"，方池引香山清泉，四周围以汉白玉栏杆，中间为石质拱桥，桥上有石鼓望柱，四周松柏环绕，环境古朴肃然。乾隆题诗"潆潆鸣曲注，然否

是濠梁。得趣知鱼乐，忘机狎鸟翔。"由一汪山间池水，联想到濠梁之辩和鱼乐之趣，可见中国园林能赋予的丰富文化内涵。静宜园内还有一座知鱼亭（图6），位于园中园见心斋内，见心斋为皇帝与丞子诚勉谈心之所，为环形封闭庭院式建筑，院内水池为半圆形，池水清澈，游鱼可数，长廊水际安一方形小亭，为观鱼之所，取名知鱼亭亦有濠梁知鱼之意。而且，知鱼亭角一苍松探入，为封闭的园林增加了活泼轻松的氛围。圆明园四十景之一的"坦坦荡荡"有知鱼亭，诗曰："凿池观鱼乐，坦坦复荡荡。……有问如何答，鱼乐鱼自知。"

苏州留园有濠濮亭，位于小蓬莱旁的池畔，跨水而筑，四方单檐歇山卷棚顶，为垂钓观鱼之所。池亭偏安一隅，环境清幽，自成天地，"林幽泉胜，禽鱼目亲，如在濠上，如临濮滨"。表现园主人超脱尘世，追求自然情趣的意境。

沧浪亭西北角有亭名"观鱼处"（图7）。园主人苏舜钦在《沧浪观鱼》诗中"瑟瑟清波见戏麟，浮沉追逐巧相亲。我嗟不及群鱼乐，虚作人间半世人。"感叹命运沉浮，自己没有鱼之乐。可见一处园林小景，能给人以不同的体验和遐想，这正是中国园林传递的博大精深的文化之处。

图4　北海濠濮间

图5　颐和园知鱼桥

图6　香山知鱼亭

图7　沧浪亭观鱼处

3 "曲水流觞"的人文园林

曲水流觞最初指的是一种文人雅集的方式和活动，即文人雅士坐在弯曲的水流两旁，在上流浮置酒杯，任其漂流而下，酒杯停在谁的面前，谁就得饮酒赋诗，以王羲之等人的兰亭雅集最为著名。后也用来指中国传统园林中为举办此类活动，利用自然山水或庭院曲水而设置的流杯溪、流杯渠、流杯池、流杯亭等曲水景观。

历史上最著名的曲水流觞是王羲之与友人在会稽山举行的兰亭修禊活动，引溪流为流觞曲水，在清流激湍的自然山水间临流赋诗。曲水流觞活动从早期的巫祭仪式发展成为游宴为主的郊外活动，到进入园林的禊赏活动，将修禊风习和文人雅集相结合，将普通的民间活动转变为"禊饮"、"禊赏"等园林活动，赋予临流宴集以文化内涵。

中国园林"曲水流觞"景观经历了由自然曲水形向规则化曲水形的变化。"曲水流觞"一类的景观在东汉时期就已经进入皇家宫苑，只是称之为流杯渠而非曲水。中国现存的曲水庭院多为规则的人工石渠形式，如东汉初南越王赵佗的宫苑曲水以块石作驳岸，卵石铺底，构筑成规整的流杯石渠。将曲水景观引入园林的最早记载见于曹魏华林苑曲水庭，《宋书·礼志》记载，"魏明帝天渊池南，设流杯石沟，宴群臣"。

隋代西苑的曲水宴于园林曲水之中加入了大量人工建筑，世俗享乐成分明显加重，跨水设殿堂水阁，并连以廊道形成"曲水绕殿阁"的新布局，开启了后世引曲水进入园林建筑内部的尝试。曲水景观的形式也由早期的大尺度的池渠，转向小型抽象化的刻石曲水。这种较早的室内曲水景观见于唐长安禁苑的临渭亭，《旧唐书·中宗本纪》记载"景龙四年，三月早寅，幸临渭亭，修禊饮"。同时，唐代长安城的曲江池，利用城郊自然水体，略作人为加工成为举行修禊流觞活动的场所，"曲江流饮"后来被称为关中八景之一，展现出优美的风景，而且它既是一种民俗活动，又是一场文化盛会。

北宋的《营造法式》记载了早期"国字流杯渠"和"风字流杯渠"等官式流杯渠的样式图，现存此类石刻流杯渠的典型实例如嵩山的宋代崇福宫曲水遗址和宋代文豪黄庭坚所凿宜宾流杯渠。宜宾流杯池建于怪石林立的峡谷之中，小溪从谷中流出，水流经人工石台作九折回环之状，明显呈现出宋代《营造法式》中所述的规则流杯渠形式。此类流杯渠多为整块石板雕凿拼合而成，从造型上已经属于定型化的水景观样式。

从现存清代园林的流杯亭，如故宫宁寿宫花园的禊赏亭、恭王府花园的沁秋亭、中南海流水音亭以及潭柘寺猗玕亭看，其流杯渠形式均类似于《营造法式》中规定的样式和尺度。宁寿宫花园禊赏亭（图8），亭畔叠石栽竹写意兰亭环境，亭内地面设龙虎纹石沟，亭后衬三楹建筑，形制宽大，体现皇家风格。恭王府花园沁秋亭为八角攒尖亭，亭内流杯渠图案从北向南看像"寿"字，从东向西看像草书"水"字，体现了园主人和珅的追求。潭柘寺猗玕亭为方形四角攒尖木建筑，上覆绿色琉璃瓦，亭内汉白玉铺地，刻制的曲水图案自南向

北看像龙头，自北向南看则像虎头（图9）。猗玕亭在清代为皇家行宫院内，修竹婆娑，环境清雅，被誉为潭柘寺十景之

图8　故宫宁寿宫花园禊赏亭

图9　潭柘寺的曲水图案

一"御亭流杯"。乾隆曾题诗"扫径猗猗有绿筠,频伽鸟语说经频。引流何必浮觞效,岂是兰亭修禊人"。

此外,承德避暑山庄曲水荷香亭模仿兰亭曲水流觞主题,在参差怪石中建一方亭,溪流随石盘桓,池中荷花挺立,落红飘于水面,平添天然之趣。圆明园坐石临流亭,周围山水植物模拟绍兴兰亭环境,流杯亭跨谷中溪流而建,风格更具朴素野趣。

4 "壶中天地"的写意园林

"壶中天地"典出于《后汉书·方术传下·费长房》:"费长房者,汝南人,曾为市掾。市中有老翁卖药,悬一壶于肆头,及市罢,辄跳入壶中,市人莫之见,惟长房于楼上睹之,异焉。因往再拜,奉酒脯。翁知长房之意其神也,谓之曰:'子明日可更来'。长房旦日复诣翁,翁乃与俱入壶中。唯见玉堂严丽,旨酒甘肴,盈衍其中,其饮毕而出。"

园林由先秦两汉发展以来,开始以大规模的自然环境为园,至唐、宋发展为对于自然山水的摹写,人工凿池、垒土叠石,仿自然名山大川,规模相对缩小,以"拳石勺水"、"咫尺山林"实现从写实到写意的过渡。尤其是文人园林继承"壶中天地、芥子须弥"思想,于咫尺之地造园,"一峰则太华千寻,一勺则江湖万里",用一石代一山,盆池代江湖,在有限的空间创作无限的园林意境,因而"壶中天地"又被用作精巧细腻的小型园林的别称。

唐代诗人白居易《池上篇》描述其履道坊宅园,"十亩之宅,五亩之园。有水一池,有竹千竿。勿谓土狭,勿谓地偏。足以容膝,足以息肩。有堂有庭,有桥有船。……优哉游哉,吾将终老乎其间"。园林虽小,然山、水、庭、堂、桥、花木等园林要素一应俱全,展现一幅诗意栖居的园林环境。他还在《草堂记》中描述他的庐山草堂:"三间两柱,二室四牖,广袤丰杀,一称心力。"木料不上漆,墙面不刷白,屋内有木榻、素屏、漆琴、书卷,简朴自然。但却可以"仰观山,俯听泉,傍睨竹树云石,自辰至西,应接不暇。"体现了主人崇尚自然意境的审美情趣。

北宋文学家李格非的《洛阳名园记》,记载了当时西京洛阳最为著名的园林19处,其中,司马光的独乐园为小型化园林的典型,李格非形容其"卑小不可与他园班。其曰读书堂者,数十椽屋,浇花亭者益小,弄水种竹轩者,尤小。曰见山台者,高不过寻丈。"园林与宅院共占地20亩,中央为有着5000卷藏书的读书堂。南面为弄水轩,北面是大片池沼,池沼的中央是形状如玉玦般的圆形小岛,岛上建钓鱼庵。还有种竹斋、采药圃、浇花亭、见山台,共有七景,司马光为此作了《独乐园七题》。独乐园为司马光仿白居易履道坊宅园,可读书、登山、钓鱼、种竹、浇花、采药,中隐于市,乐在其中。

小型化园林还有很多,如北京的勺园、半亩园,潍坊的十笏园,苏州的残粒园,南京的芥子园等。李渔是明末清初的文学家,也是造园家,晚年为自己营造芥子园。他认为"幽斋磊石,原非得已;不能置身岩下,与木石居,故以一卷代山、一勺代水,所谓无聊之极思也"。他在《芥子园杂联》序里介绍"此予金陵别业也,地止一丘,故名芥子,状其微也。往来诸公,见其稍具丘壑,谓取'芥子纳须弥'之意。"在植物种植上,李渔提到"芥子园之地不及三亩,而屋居其一,石居其一,乃榴之大者,复有四五株。是点缀吾居,使不落寞者,榴也"。山茶"得此花一二本,可抵群花数十本。惜乎予园仅同芥子,诸卉种就,不能再纳须弥,仅取盆中小树,植于怪石之旁。"荷花,"无如酷好一生,竟不得半亩方塘为安身立命之地,仅凿斗大一池,植数茎以塞资。"芭蕉,"幽斋但有隙地,即宜种蕉。蕉能韵人而免于俗,与竹同功。"他别出心裁地创立了"尺幅窗"、"无心画"的框景手法,"见其物小而蕴大,有须弥芥子之义,尽日坐观,不忍合牖"。可见,芥子园虽小,却也是花木扶苏,园林景观精致,尤其是通过各种窗格纳户外之美景,增添了广阔空间和无穷意蕴。

山东潍坊的十笏园,是由晚清潍县首户丁善宝在明四合院的基础上,改建重建而成的私家园林。"署其名曰十笏园,亦以其小而名之也"。园区主院落占地共2000余平方米,中部园林主体约700平方米,是园林空间小型化的实例。小巧精致的十笏园,容纳了楼台亭榭24所,大小房屋67间,院窄而境宽,可谓博采南北园林之长。全园平面呈长方形,东西短、南北长,分为中部的园林主体与东、西园林式庭院三个部分。中部园林又可划分为南、中、北三区,分别以作为宴客之所的十笏草堂、四照亭和藏书用砚香楼为主体,共同构成了一条统一的轴线。中部园中为一泓池水,通过曲桥可进入其中的水榭四照亭。四照亭四面环水,池东有蔚秀、漪岚、落霞三亭,分别高下,成掎角之势;池西为曲尺形单面游廊,南、北分别连通小沧浪亭与漏墙月台;池南为一方空地,以供四时游乐、赏玩;池北为拱桥连接游廊,可借此突破水面的单调感。十笏园的西院是一所狭长的三进三合院,有静如山房、秋声馆、深柳读书堂、颂芬书屋、雪斋等建筑。东跨院的主体建筑为碧云斋,是原主人的居所。东、西跨院之景色秀丽与意境幽远,各有千秋。十笏园中的附属建筑及构筑物等,多以小而怡人的尺度,以对比手法来突出园林空间的广阔。

5 小结

中国园林的发展从最初的灵台、灵沼,发展到"一池三山",成为中国山水园林的一种创作模式,它使单一的山体和空旷平淡的水面发生了变化,景观层次显得更加丰富,符合"道生一,一生二,二生三,三生万物"的哲学思想。三岛所构成的形与水呼应,呈多样变化,或成三角,或为线状,由障而出景深,通过隔障视距最长的水面,以达到增加水景层次的目的。三角位置大多为钝角三角形或不等边锐角三角形格局,如杭州西湖小瀛洲、湖心亭、阮公墩三岛。三岛线状布局，强化长边深远水景，有效增加短边水岸的掩露变化，如拙政园东园三岛、西藏罗布林卡湖中的三岛。"一池三山"堪称中国山水园林中"一法多式"的经典。

"濠梁观鱼"和"曲水流觞"的景观则是中国传统文化在水景园林中的演绎，其变化形式同样多样化。尤其是曲水流觞经历了从质朴的自然风景式到典雅精致更具文化气息的写意山水式，从自然山水环境到人工庭院，再发展为建筑内部的流杯亭等多种样式，从大尺度、自然风格到小型化、精致化、人工化，甚至程式化、定式化的发展过程。各种曲水景观因地制宜，呈现出多种巧妙变化，堪称传统园林"一法多式"的代表，是典型的将建筑、人文和自然审美熔于一炉的园林景观。

"壶中天地"思想则将中国园林的特征高度浓缩，催生出了大量的私家园林。中国园林由秦汉时期吸纳真山真水、以写实为主，转向魏晋南北朝时期对自然山水的提炼、微缩，唐宋时期，园林空间的小型化以"壶中天地"思想为代表，追求精神与自然的一致，明清时期，"咫尺山林"的写意山水园林逐步成熟。以"壶中天地"为蓝本，在狭小的园林空间中造山理水，通过移天缩地的手法，营造"芥子纳须弥"的意境 [6, 7]。

参考文献

［1］李伟华 . 一池三山——浅谈中国古典园林的地形创作特征 ［J］. 广东园林，2003（1）：15-19.
［2］吕正平，李宾 . 探究中国古典园林艺术中"一池三山"的起源 ［J］. 广东园林，2013，35（6）：30-34.
［3］俞显鸿 . "曲水流觞"景观演化研究 ［J］. 中国园林 2008，24（11）：47-51.
［4］王欣 . 从民俗活动走向园林游赏——曲水流觞演变初探 ［J］. 北京林业大学学报（社会科学版）2005，4（1）：30-33.
［5］王帅 . 中国古典园林空间的"小型化"设计 ［D］. 天津大学，2012.
［6］岳毅平 . 白居易的园林意识初探 ［J］. 安徽师大学报（哲学社会科学版）1998，26（2）：259-264.
［7］王文瑜 . 冲突与交融——苏州园林艺术精神解析 ［J］. 苏州科技学院学报（社会科学版）2015，32（3）：60-65.

Traditional Chinese Culture's Influence on the Garden Construction in One Method with Various Forms

Chen Jin-yong

Abstract: Taoist immortal ideology about three sacred mountains of Penglai, Fangzhang and Yingzhou, contributed the imperial garden layout of One Pond and Three Hills in the Qin and Han dynasties. This became a landscape model for royal gardens in Sui, Tang, Yuan, Ming and Qing dynasties, and various forms of Three Islands in the Lake appeared in Yuanmingyuan, Summer Palace and Chengde Summer Resort. The debate about fish's happiness between Zhuangzi and Huizi on the river Hao, brought about Haopujian, Zhiyu Bridge and Zhiyu Pavilion, showing the interest of gardens. Winding River and Floating Wine Cup was originally an outdoor gathering activity for literati, which was then introduced in the gardens. Hence various forms of winding ditch and pavilion came into being, such as Xishang Pavilion in the Forbidden City, Qingqiu Pavilion in the Prince Gong Mansion, and Yigan Pavilion in the Tanze Temple. Taoist philosophy of World in the Pot had an impact on the creation of gardens. Exquisite gardens and artistic conception were manifested in a limited space, such as Xiaopenglai in Lingering Garden of Suzhou, and Xiaoyingzhou in West Lake of Hangzhou. Therefore, traditional Chinese culture had a great influence on the garden construction.
Key words: traditional Chinese culture; garden; one method with various forms

作者简介

陈进勇 /1971 年生 / 男 / 博士 / 教授级高级工程师 / 中国园林博物馆园林艺术研究中心

北京市陶然亭公园的现状与未来发展之探讨

李东娟

摘　要：陶然亭公园位于首都核心区，是具有多样的景观、丰富的历史底蕴和文化内涵的市级综合性公园，游人量大。随着北京市城市总体规划（2016-2035年）的颁布以及对区域功能的新定位，陶然亭公园在规划可行性、生态系统稳定性、历史文化挖掘和服务管理等方面均有待进一步提高，从而提出了规划为纲、区域协调、生态优先、文化建园、以人为本等对策。

关键词：陶然亭公园；公园绿地；发展；对策

进入 21 世纪，随着城市老龄化人口日益增多，人民对幸福指数的追求越来越高，但是拥挤、雾霾和各种城市问题却不断暴露城市发展规划及城市生态系统的不平衡性。在城市"生态危机"日益凸显的时候，公园绿地在提高居民生活质量、满足居民精神需求、改善城市生态环境和塑造城市形象方面的作用也越来越得到城市居民的认可。

公园绿地的数量、面积、空间布局等直接影响到城市环境质量和城市居民游憩活动的开展[1]。陶然亭公园位于首都核心区，在疏解非首都功能、调整城市空间结构、发挥历史名园文化功能方面发挥着重要作用。本文对陶然亭公园现状和存在问题进行了全面分析，本着一本规划一张蓝图绘到底，就未来可持续发展提出了个人看法。

1　陶然亭公园的现状

1.1　区位及城市定位

陶然亭公园位于北京市西城区南二环内，属首都核心区域。周边的城市公园主要有：东侧的天坛公园、北侧的万寿公园、西侧的大观园和南侧的万芳亭公园，其中陶然亭公园和天坛公园为市级综合性公园，其他为区级公园（图 1）。

陶然亭公园是一座融古典园林造园艺术与现代自然山水园为一体的以亭为特色的市级综合性公园，是国家重点公园、国家 AAAA 级旅游区、北京市历史名园。区别于颐和园、天坛、北海等为帝王服务的皇家园林，陶然亭地区自元、明、清至中华民国时期，乃是京都达官豪富在此竞相构筑亭园的

图 1　陶然亭公园区位图（三角形区域为陶然亭公园）

私家园林汇聚之地，亦是众多文人雅士吟咏修禊之所，一定时期内是服务于广大人民的公共园林，素有"燕京名胜、都门盛地"之誉。新中国成立后，北京市人民政府为了认真贯彻毛泽东主席关于"陶然亭是燕京名胜，要妥为修缮保留"的重要指示，以工代赈、挖湖堆山，建成了首都北京最早兴建的现代园林。

自然山水园,是陶然亭公园的风格;亭是公园的主题与特色。"陶然"则是历代公园人一直追求的意境。

陶然亭公园总面积 56.56hm²,其中水面 16.15hm²,绿地面积 29.67hm²,其余为道路建筑等。公园地形多样,除了平坦的绿地和建筑道路等人员密集活动区外,还有相对自然的大小山体 7 座、宽阔的湖面及浅滩溪流湿地景观。

陶然亭公园周边公共交通十分便利,南临北京火车南站,西有地铁四号线,东南有地铁 14 号线;东门有 10 趟公交车到达,南门有 8 趟公交到达,西门北门各有公交 3 趟。

1.2　景观分区

陶然亭公园具有八大景区(图 2),分别是:中央岛以体现"陶然"意境突出秋季景观特点的"陶然佳境";东门平地区以牡丹芍药为特色的"国色迎晖"、山地区以松柏类植物为主的"水月松涛";北门区以儿童游乐为主的"奇境童心";西部区以突出芦苇野鸭等自然野趣为主的"野凫芦风"、以突出月季为主的"胜春山房";西南部以"亭"为特色体现中国古典园林造园艺术的"华夏名亭";东南部以银杏为主突出溪流景观的"潭影流金"。

在景观功能分区上,基本以东北部休闲娱乐区,西南部和中央岛安静休息区、文化游览区以及水上活动区为主。

1.3　历史文化资源

陶然亭公园是一所历史底蕴丰厚、人文气息深邃、园林

风景优美的历史名园,是文人墨客的雅集地、红色梦想的萌芽地、名亭文化的荟萃地、平民百姓的休闲地[2]。

辽金时期,陶然亭地区乃辽南京城东郭、金中都东城的关厢地带,现坐落在慈悲庵内的辽代经幢,距今 918 年历史,其幢记是确定辽南京城址位置坐标的重要文献[3]。

元明两代,陶然亭地区塘泽错落,游鸥戏水,自然风光十分秀丽,是园林汇聚之地。陶然亭西北的龙树寺,东南的黑龙潭、刺梅园、祖园,西南的风氏园,正北的窑台等[4]都有文人墨客觞咏的历史,都曾出现过各领风骚的辉煌时期(图 3)。

明清时期,人们在春、秋时节,尤其是重阳节,都有修禊和登高赏景的习俗。窑台则是文人士子和百姓登高游览胜地。

陶然亭,中国历史四大名亭之一。清康熙三十四年(1695年)建成之后,即成为京城名流常游之地,几乎每一个在京城和到过京城的文人所撰诗集、文集中都会有题咏陶然亭的作品。

"五四运动"前后,中国共产党的创始人和领导人李大钊、毛泽东、周恩来曾先后到陶然亭慈悲庵进行革命活动。现如今,慈悲庵是北京市文物保护单位。园内高君宇烈士墓被列为北京市公祭单位和北京市重点烈士纪念建筑保护单位。

陶然亭公园的历史文化,体现了北京的古都风韵,见证了中华文明的源远流长。

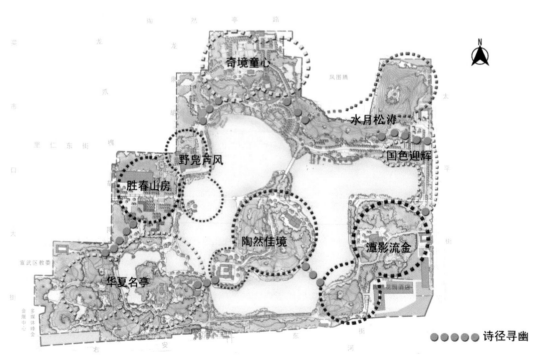

图 2　陶然亭公园景观分区示意图

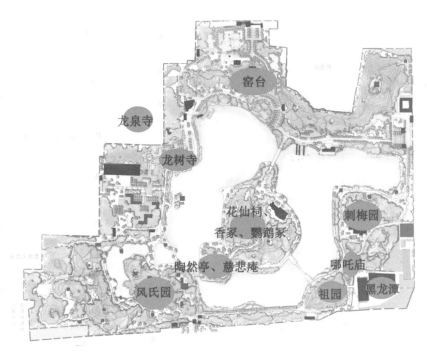

图3　陶然亭地区历史风景园林分布示意图

1.4　现状分析

陶然亭公园是在明清时期的窑厂基础上兴建的公园，土壤基础较差，土壤物理性状表现为碱性土壤土粒分散，干后板结，通透性差。土壤容重及非毛管孔隙较大。土壤中氮、磷、钾含量能够满足植物生长需求，但土壤 pH 值均在 8.5 以上，呈强碱性，这大大降低了土壤中营养元素的有效性。

公园水面 16.15hm²，平均水深 1～1.5m，年蓄水量 24 万 m³。2001 年以后公园开始引进高碑店污水处理厂的再生水，用于湖水补充和绿地灌溉。目前公园湖水引自南护城河水，在夏秋季水体富营养化的高峰期[5]，公园均进行湖水治理，以确保IV类景观用水的标准。

陶然亭公园绿地面积 29.67hm²。据 2015 年统计，公园内有乔木 73 种，7700 余株；灌木 68 种，8700 余株；古树名木 4 株。常绿乔木主要有圆柏、白皮松、油松、侧柏、雪松五种，雪松主要作为孤植和丛植观赏树，其他 4 种为山体基调树种。落叶乔木主要有刺槐、银杏、垂柳和国槐，其中垂柳主要分布在湖岸，刺槐主要集中在山上。园内植物以本地乡土植物为主。

公园的昆虫状况，通过现场捕采调查，初步统计有四十余种昆虫，大型昆虫种类较少、数量较少，如麻步甲、菜粉蝶；小型昆虫种类多、数量较多，如黑纹蚜蝇、龟纹瓢虫等。公园内其他生物如野鸭、刺猬、松鼠等近年来有减少趋势。

陶然亭公园 2015 年共接待游客 839 万人次，其中购票 175 万人次，占 20.9%，其他近 80% 为政策性免票或者持北京市公园年卡游客。对公园的游人结构进行调研和分析[6]，其中近 80% 的游客是以锻炼和娱乐为目的，中老年为主，并且这部分游人绝大部分持有年月票入园，主要活动地点在视线通透、光照好的开敞和半开敞广场。

2　存在的问题

陶然亭公园建园 60 年以来，已经发展为成熟的综合性城市公园，是国家重点公园、国家 AAAA 级旅游景区和北京市历史名园。但"十二五"以来，公园的发展出现了瓶颈。

2.1　亟需切实可行的总体规划指导

陶然亭公园自建园以来，先后做过四次总体规划，最近一次是由北京市规划委员会 2006 年批复的总体规划。随着北京城市总体规划（2016～2035 年）的颁布，陶然亭公园因处于核心区，在北京市总体规划"北京中心核心区"、"北京古都风貌区"的定位基础上，迫切需要及时调整公园总体规划，重新认识"都"与"城"、"舍"与"得"、"增"与"减"的关系。

2.2　绿地生态系统的稳定性较弱

陶然亭公园是市级综合性公园绿地，具有发挥"生态效益高，改善城市环境质量和承载城市生物多样性的主体"[7]功能。但目前公园的生态系统却不容乐观：土壤存在物理性状差、强碱性以及重金属轻污染问题；水体受人为干扰因素较大（补充水源水质不同、游船、野钓、人为投放药剂、冬季清湖造雪），水体本身的自然特性和生态功能几乎丧失，基本不具备自我恢复和调节的功能；植物配置群落性差；乡土植物种类有待进一步增加，生物栖息地逐渐丧失，生物物种数量少，生物多样性水平低等问题。

2.3　历史文化传承性有待加强

"文化是民族的血脉，是人民的精神家园。"钱学森先生讲过，没有文化的园林不能称之为园林，只能叫"林园"[8]。绿地景观作为文化的载体，必将受到当地文化的影响，承担文化传达的重任，失去了文化的基石或文化沃土的滋养，场所必然会失去厚重感，无法承载景观内在的意义，[9] 也就做不到可持续发展。陶然亭公园中央岛的陶然亭、锦秋墩是两处具有丰富完整的历史景点，其他如刺梅园、风氏园、祖园、黑龙潭等亦有历史诗词文献记载，在挖掘和传承历史文化方面还应进一步加强。

2.4　植物配置意境有待提高

古典园林中植物的配置，不求名贵，但求姿态；不求繁杂，但求"诗情画意"的意境美，而在花木搭配与造型手法上也确有一定法式，《园冶》中"梧阴匝地，槐荫当庭；插柳沿堤，栽梅绕屋，结茅竹里"就是园林造景中营造深幽自然环境、增加层次、拓展空间的手法。"窗虚蕉影玲珑，岩曲松根盘磲。"窗外玲珑大方的芭蕉或者岩石旁松树老根均是为丰富空间营造的如画美景[10]，耐人寻味。而现如今的绿地植物，或如苗圃林地的群植，或是乔灌草的随意堆砌，或密如乱麻，或疏如旷野，在植物配置和环境营造上缺乏美感和意境。

2.5　特色植物尚待着力营造

我国的古典园林各具风格，虽亭台楼阁、山石水池，却能做到风花雪月、光景常新。植物的栽植经过细细推敲，凸显景区特色，如拙政园的枫杨和沧浪亭的箬竹等。可是，近年来的绿地植物，却趋于一律，没有了个性，大江南北都有雪松，处处可见银杏路，外来植物种类不断排挤乡土树种，景区的地域特色也就逐渐丧失。

陶然亭自明清以来，吸引了众多的文人雅士来此修褉雅集，留下了近千首诗文，其中涉及芦苇者屡见不鲜。芦苇，是陶然亭历史上的一道特色风景（图4）。另外，明清时期该区域刺梅园、风氏园的古松，龙树寺的古槐，均闻名遐迩，来此修褉游赏的士子们留下众多诗词为证。现在公园东湖的古槐树，据说就是刺梅园的遗物。

古园古树已不存，现在的陶然亭公园有八大景区，其中以植物特色命名的就有五大景区，分别是"国色迎晖"、"水月松涛"、"野凫芦风"、"胜春山房"、"潭影流金"，还有一处"陶然佳境"意在以秋色植物为主。但实际上，有些景区的植物特色还不是很突出。期望我们能以史为鉴，营造名副其实的既有"陶然"意境又符合现代节约型绿地管理理念的特色植物。

图4　20 世纪 30 年代陶然亭周围的芦苇

2.6　绿地养护水平亟待提高

园林艺术大家陈从周在《说园》[11]里说："园林不在乎饰新，而在于保养；树木不在乎添种，而在于修整。"这句话可以说是对现代公园绿地动辄破土翻建、更新换代的有力鞭笞。

当前，在各种内外因的影响下，相当一部分绿地在管护上存在"重建轻养"现象。集中表现在杂草、黄土露天、水土流失、整形修剪不到位等方面。另外，在景区改造施工过程中，原有大树尤其是常绿树，极易出现施工过后的衰弱甚至死亡情况。大树的损失，不单单是一颗树木，更是岁月痕迹和历史记忆的缺失。

2.7　服务管理需要精细化

公园绿地为游客提供基本的服务设施包含休息设施、健身娱乐设施、卫生设施和商业服务等。陶然亭公园的游人年接待量逐年递增，2016 年已接待近 900 万人次，如何尽可能地满足游客各方面的需求，这对公园的服务和管理是一个巨大的挑战和考验。主要表现在公园内座椅、垃圾箱、健身器材、厕所及商业餐饮等服务设施存在分布不均或数量不足的问题；服务设施和植物、路灯、园路等基础设施受人为破坏严重，维护成本较大。游人量分布不均，北部广场集中大量舞蹈爱好者，人群相对密集，噪声较大，影响了景区的舒适度和游客满意度。

3　发展对策

现代城市公园绿地承担着城市生态系统完善、环境改善、文化传播、游憩休闲乃至安全避险等重要作用。城市居民除了上班工作，回家吃住，"第三空间"就是绿地[12]。要打造和谐宜居之都，就要发展"以人为本"的生态园林城市理念，不可忽略人类自身及其活动在园林学中的研究。而忽视人类活动积极参与和忽视自然生态的园林模式都不能实现园林作为人居环境的可持续发展[13]。

3.1 规划为纲 依法建园

习近平总书记在2014年考察北京时说"城市规划在城市发展中起着重要引领作用，考察一个城市首先看规划，规划科学是最大的效益，规划失误是最大的浪费，规划折腾是最大的忌讳。"公园发展也一样，要依靠规划的引领作用，一本规划一张蓝图的发展下去。陶然亭公园迫切需要建立一本科学、严肃、权威的长远规划，在北京市公园管理中心的大力支持下，2017年陶然亭公园已经启动了新一轮规划修编工作。

3.2 区域协调 统一发展

陶然亭公园是市级综合性公园绿地，公园发展坚持在北京市绿地规划和西城区绿地规划的指导下，以发挥核心功能区、疏解非首都功能为首要，综合考虑区域规划和周边环境。比如，公园目前的东门、北门、西门等在交通、便民与安全疏散等方面存在问题，随着核心区疏解、棚户区改造、周围城市道路拓宽等积极努力与西城区协调统一规划。

3.3 生态优先 持续发展

城市绿地要树立"节约型园林绿地典范，创建生态园林"的可持续发展理念，并科学系统的落实到各项基础建设项目中。现代园林的生态、休憩、景观、文化和减灾避险五大功能的定位，已经得到业内和社会的普遍认同。这其中"生态优先"、"以人为本"和"物种多样性"的基本理念，在这些功能中占据着主导地位[14]。建设者要做到充分认同并深刻领悟这种基本建设理念，在建筑设计、植物配置、服务管理和安全保障等绿地管理的方方面面建立并实施项目和管理工作，在文化发展的广度深度和防灾避险的功能性方面进一步完善和提高，才能做到可持续发展。

3.4 挖掘历史 文化建园

"研今必习古，无古不成今"，这是人类文化传承发展的共同规律，文化也因此世代积累而丰富[15]。没有景观主题的城市绿地，将会失去传统的历史底蕴和文化内涵，也就谈不上意境的创造[16]。以突出园林意境的华夏名亭园和体现历史底蕴的中央岛慈悲庵锦秋墩景点，是陶然亭公园最具文化内涵的景区，应深入挖掘、大力弘扬景区特色，以历史为线索、以文化为根本，继承中国古典园林精华，创新打造公园特色景区。

3.5 管理服务以人为本

北京市公园管理中心认真学习北京市十二次党代会精神，以"四优一满意"为工作目标开展精品公园建设，管理和服务以游客满意为衡量标准。陶然亭公园的建设发展应结合游人量多少及不同游人的需求，在安全、商业、管理及服务等各项设施上遵守以人为本的原则，落实精细化管理。

3.6 植物意境艺术营造

植物是公园绿地的基本要素。在公园绿地这一"人化"自然中，植物是自然美的象征。植物的配置，必须符合功能上的综合性、生态上的科学性、风格上的民族性和地方性[17]，在此基础上，结合植物的人文内涵，营造出诗情画意、意远情深的中国特色的植物景观。

参考文献

[1] 车生泉，宋永昌.上海城市公园绿地景观格局分析[J].上海交通大学学报.2002，(4)：321-327.
[2] 李东娟.陶然心醉一亭留——陶然亭公园四项文化展览策划内容与体会[J].景观，2015(3)：16-21.
[3] 王炜.江亭碑影——陶然亭公园碑刻纪[M].北京市陶然亭公园管理处.学苑出版社，2017.
[4] 陶然心醉一亭留——陶然亭公园历史图说[M].北京市陶然亭公园管理处.光明日报出版社.2015：25-36.
[5] 王鹤扬.综合营养状态指数法在陶然亭湖富营养化评价中的应用[J].环境科学与管理，2012，37(9)：188-194.
[6] 李晓.基于环境行为学的公园游人分布与行为研究——以北京陶然亭公园为例[D].2015.
[7] 王娟等.北京城区公园绿地景观格局研究[J].西北林学院学报，2010，25(4)：195-199.
[8] 李炜民.他山之石可以攻玉[M].北京公园生态与文化研究(三).北京市公园管理中心主编.北京：中国建筑工业出版社，2016.
[9] 陈蓉.城市公园绿地主题的确立与表达[D].2010.
[10] 李世葵.《园冶》园林美学研究[M].北京：人民出版社，2010.
[11] 陈从周.说园[M].上海：同济大学出版社，2009.
[12] 刘秀晨.生态园林城市是人与自然和谐的最佳城市形态[J].城乡建设，2016.(3)：20-21.
[13] 陈相强.关于中国园林与生态园林的新思维与实践研究[D].2007.
[14] 刘秀晨.园林与政府管理三十年.园林，2014，10：28-31.
[15] 孟兆祯.文心：城市山林的内质[N].人民日报，2013-11-17.
[16] 陈蓉.城市公园绿地主题的确立与表达[D].2010.
[17] 曹林娣.中国园林文化[M].北京：中国建筑工业出版社，2005：233-258.

Discussion on the Present Situation and Future Development of Taoranting Park in Beijing

Li Dong-juan

Abstract: Taoranting Park, located in the core area of the capital, is a municipal comprehensive park with diverse landscape, rich historical and cultural connotation, is also a popular park for visitors. With theissue of urban master planning of Beijing (2016-2035) and the new positioning of regional functions, the park needs to be further improved in planning feasibility, ecosystem stability, historical and cultural promotion, and service management. Hence, strategies were put forward including planning as the guidance, regional coordination, ecology priority, culture oriented and people oriented development.

Key words: Taoranting Park; urban green space; development; strategy

作者简介

李东娟 /1977 年生 / 女 / 北京人 / 高级工程师 / 硕士 / 毕业于内蒙古农业大学 / 就职于陶然亭公园管理处 / 研究方向为园林设计与绿化、历史文化与公园管理

简论邛窑与长沙窑的异同

蒋珊珊

摘　要: 邛窑与长沙窑都是我国南方烧造青瓷的著名民间瓷窑,同属长江流域,瓷窑规模大、质量精、产量多、装饰技艺娴熟、富于创造性,在唐代外销瓷中占有很大的比例,尤其长沙窑瓷器是海外订单式设产销一体化的鼻祖。两窑在中国陶瓷发展史上占有重要的里程碑地位,关系密切却又有所差别、演进,堪称万千瓷窑中一对绚丽多彩的"姐妹花"。本文试通过两窑的烧造年代与窑址分布范围、主要器型、釉色种类、装饰技法与纹饰几个方面,阐述各自的特点;再从窑址与原料选择、装烧工艺、主要器物、装饰技法等方面对两窑进行比较,理清二者的异同;最后,肯定两窑的相互关系。

关键词: 邛窑;长沙窑;比较;相互关系

邛窑是我国著名的民间瓷窑之一,位于四川省邛崃市,创烧于南朝而衰于北宋,历经8个多世纪。窑址分布广泛,其中以什方堂窑址的瓷器质量最精且有代表性。釉色品种丰富,鲜艳夺目,以颇具创造性的釉下彩绘瓷和点彩久负盛名,有我国的彩绘瓷发源地之称。器型多样、富有创意、具有鲜明的地方特色,如动物形玩具、瓷塑人物和闻名全国的省油灯。

长沙窑是我国唐代南方地区重要的民间青瓷窑场,规模巨大,位于湖南省长沙市郊铜官镇,又被称作"铜官窑",创烧于初唐而衰于唐五代末至北宋初年。釉面光洁莹润,胎质细密,主要烧造青瓷,以釉下彩和釉下彩绘青瓷器著称于世。它是唐代外销瓷中的主要产品,器型种类丰富、美观精致、实用性极强、具有异域风格,如文房用具和各种瓷塑玩具。

1　邛窑

1.1　烧造年代与窑址分布范围

邛窑历史悠久,在中国陶瓷发展史上占有重要的地位,是我国古代的民间陶瓷名窑之一,目前已知的四川青瓷窑系中烧造时间最长、窑址分布最广、产品数量最多、质量最精的名窑,堪称古蜀青瓷的代表。它创烧于南朝,快速发展于隋代,兴盛于唐代,衰落于北宋,断烧于元代,时间跨度长达近900年之久。邛窑位于四川省邛崃市境内,坐落于小南河、

南河及南河支流岸畔的丘陵地带,窑址广泛分布在固驿乡的瓦窑山、西桥乡的西河村、白鹤乡的大鱼村和南河乡的什方堂。什方堂窑窑作为邛窑的代表,烧制的产品最能体现其精湛的制瓷技艺。

1.2　主要器型

邛窑瓷器具有浓厚的四川地域特色,兼具实用性与功能性,种类多样化,并且可以根据当时社会环境、经济情况、文化氛围、审美思想的不同,来设计、更新产品。在器物造型方面善于创新,创造出其他窑口少见的器型,比如花瓣口碗;带有夹层的特制油灯碗,即著名的省油灯,极富创意又十分实用。

经过南朝的发展,到隋代邛窑进入了快速发展期,产品质量有了极大的提高,烧制的器物主要为日常生活用器;唐五代是邛窑发展的极盛时期,产品种类增加,造型繁多,除了大量生产日常生活用器之外,还创造了形象生动的动物形玩具和瓷塑人物等。生活用器的器型有壶、瓶、罐、碗、盘、灯、唾壶、砚台等,其中以壶的数量最多,质量最优。小瓷塑玩有各种动物形象,如狮子、老虎、马、牛、羊、鱼等,还有各种人物形象,如瓷塑娃娃、杂技俑等,形态自然、惟妙惟肖。

1.3　釉色品种

邛窑瓷器胎体厚重,胎质粗糙,含细砂粒,以褐、深褐

或紫红为主，含铁量较高，胎与釉之间普遍施有化妆土，用以掩盖瓷胎的粗松与瑕疵，少有脱釉现象。由于化妆土的广泛使用，邛窑还独创性地发明了乳浊釉的制瓷技艺，釉色呈现出朦胧美。

至隋创烧了高温三色彩绘瓷，自此即兼烧高温、低温三色彩绘瓷，以"邛窑三彩"著称，即褐、黑、绿为主。邛窑开创了高温釉下彩瓷的烧制，釉色丰富，以青色为主，兼有青泛黄、青泛白、青黄、黄褐、褐、黑等20余种，是唐五代时期邛窑所特有的，并对以后的唐三彩及长沙窑的高温彩绘瓷都有着开创先河的影响（图1）。

1.4　装饰技法与纹饰

邛窑被称为高温釉下彩和彩绘瓷的故乡，以釉下彩绘和点彩著称于世。印花、刻花、划花、堆贴、镂空、釉下彩绘等装饰技法被悉数运用。釉下彩绘在隋代时期就已经运用，到唐代仍然继续沿用并成为主要装饰技法，在以前的基础上又有所发展，彩绘颜色有黄、褐、黑褐、绿等，纹饰有圆点、斑块、卷云、联珠圈等，结构简单，多以点彩的形式出现，还有将两种、三种彩绘以组合的形式装饰在一件器物上，或与划花、印花、模印、捏塑等手法结合使用（图2、图3）。

图1 （晚唐~五代）邛三彩提梁杯（邛窑古陶瓷博物馆藏）　　图2 邛窑青釉褐斑、黑斑执壶　　图3 邛窑黑釉联珠纹钵、青釉釉彩钵

2　长沙窑

2.1　烧造年代与窑址分布范围

长沙窑又称铜官窑，是唐代南方地区重要的民间陶瓷名窑之一，不仅供应全国还大量远销海外，在唐代外销瓷中占有非常大的比例，其规模之大、产量之丰、装饰技法之精美都开创了中国陶瓷发展史的先河。它创烧和初步发展于初唐，兴盛于唐代的中晚期和五代，衰落于唐五代末至北宋初年。长沙窑位于湖南省长沙市望城县湘江东岸一带，窑址分布在铜官镇瓦渣坪至石渚湖一片区域。主要烧造青瓷，以烧造釉下彩和釉下彩绘著称于世。

2.2 主要器型

长沙窑瓷器是唐代外销瓷的主要产品，器型精美别致、种类丰富多变、实用价值极强、具有异域风格，产品设计能够以市场为导向，在唐代其他窑场中很少见。主要烧造日常生活用器，兼烧文房用具、各种瓷塑玩具和茶酒用具，其中文房用具占了很大部分，这与盛唐时期的社会风尚、经济、文化、审美思想有关。日常生活用器器型丰富，早期器型有碗、罐、盘口壶、盘、杯、盂等；盛唐时期除增加洗、枕、托盏等日常生活用器外，还烧造出大量的文房用具和各种动物形瓷塑玩具，文房用具以镇纸、砚滴、笔洗、砚台等最为常见；瓷塑玩具多见有俑、马、牛、羊、狮子、鸟、蛙等形象。

2.3　釉色品种

长沙窑胎质细密，呈灰色或灰黄色，釉面光洁莹润，釉层薄而均匀。早期釉色黄中泛青，胎与釉结合不好，剥釉现象较为常见；盛唐时期，釉色青泛微黄，色泽稳定，胎与釉结合紧密，一般未见剥釉现象。

2.4　装饰技法与纹饰

长沙窑首创以铁和铜为着色剂来烧造高温釉下绿彩或褐彩，并大规模地成功使用，这种烧造工艺对以后的陶瓷釉上及釉下彩起到了首开先河作用。装饰技法多样化，较多地运用贴花、印花、镂空、釉下彩、题诗或字等，其中以釉下彩与模印贴花最具特色。

模印贴花是长沙窑的一大特色装饰工艺，立体感极强。釉下彩绘纹饰结构简单，多见有彩点、大块圆形或椭圆形斑块、不规则的条彩，题材广泛，从褐彩、褐绿彩的点彩发展到状物写实，纹饰繁多且富于变化，有人物纹、动物纹、花鸟纹、山水纹等图案，绘画技法娴熟、构图简洁明快、形象真切生动、艺术效果极佳（图4）。

长沙窑首创的又一大极具特色的装饰工艺是把诗文、书法写在瓷器表面，起到装饰作用，开辟了瓷器装饰艺术的新领域。盛唐时期文化之风盛行，文人墨客们游艺于书法绘画与诗词歌赋，这一时期在瓷器上题诗、题字极为流行，且多是整段或整句的诗文，装饰部位多见于器身，一目了然，观赏性强，堪称烧制的陶瓷书法艺术，内容大多为诗句、名言警句、格言、谚语、俗语等。

图4 （唐）长沙窑　图5 （唐）长沙窑褐彩诗文壶（局部）与（唐）长沙
青釉人物贴花壶　窑褐彩题记碗（局部）

（左图：湖南省博物馆藏；右图：湖南省文物考古研究所藏）

3　邛窑与长沙窑的异同

3.1　相似之处

邛窑与长沙窑都是我国著名的民间瓷窑，主要烧造青釉瓷，从胎质、釉色、烧造工艺、器物种类、装饰技法等方面来看，两窑是一脉相承的关系，因此被称为"姐妹窑"。

3.1.1　瓷窑选址与原料选择

两窑的选址都在浅丘平原，附近水源充足、河流环绕之地，瓷土、釉料等基本就地取材；由于当地缺乏优质瓷土，两窑都只能选用含铁量较高的黏土制胎，致使大部分胎质较粗，但两窑的烧造工艺娴熟，装饰技法考究，掩盖了胎体粗糙的缺陷。

3.1.2　装烧工艺

两窑器物都属于高温青釉，釉层较薄，烧成温度在1200℃左右，正烧，玻璃质釉，胎体致密坚实。

3.1.3　釉色、主要器型与装饰技法

釉色都以青釉、褐釉、青釉褐彩、青釉褐绿彩为主，创造性地发明了乳浊釉。两窑以高温釉下彩而享誉全国；器型主要有日常生活用器、文房用具和瓷塑动物形玩具；在装饰技法上，两窑都在器身最圆鼓处施有一圆形高温绿斑或褐斑，都施以化妆土来美化瓷器。

3.2　差异

邛窑与长沙窑虽然关系密切，但两窑在烧造年代、瓷窑规模、器型特点和装饰技法方面，还是存在一些较为明显的差异。

3.2.1　烧造年代

邛窑明显早于且久于长沙窑。邛窑创烧于南朝，发展兴盛于隋唐，衰落于北宋，断烧于元代。而长沙窑初创发展于唐早期，兴盛于唐中后期，是唐代中期后著名的瓷窑。瓷器烧造大都历经由简单到复杂，由低级到高级的漫长的发展演进过程，邛窑就是这样，由初创期烧造单色的釉下彩瓷，如青瓷、白瓷、黑瓷逐步发展到烧造多色的高温釉下彩瓷、彩绘瓷，但长沙却没有这样不断演进的发展过程。

3.2.2　瓷窑规模

邛窑规模要比长沙窑宏大。邛窑窑址分布的地理范围广泛，数量多，单窑烧造容量大，出现了同时代最长的龙窑和最大的馒头窑。

3.2.3　器型特点

邛窑的大型器物一般为平底，小型器物一般为圆饼足，风格粗犷豪放；长沙窑的器型比较秀气清丽，一般为玉底、玉环形底、玉璧形底，未见邛窑瓷器上常见的支烧痕迹。邛窑的器物具有鲜明的古蜀地域特点，造型繁多、富有变化、极具创意，烧造出独具一格的器型，比如闻名全国的省油灯、花瓣口碗等，不少器型是长沙窑所没有的。由于海外订单的需要，长沙窑瓷器带有浓郁异国风格的外销瓷特点，尤以西亚、波斯、阿拉伯风格多见，如带有西亚、波斯风格的彩绘胡人碗、阿拉伯文字、椰枣纹、葡萄纹等图案（图6～图8）。

图6 （唐）长沙窑褐绿彩绘胡人碗　图7 长沙窑青釉褐斑模印贴
（邛崃市文管所藏）　花椰枣纹瓷壶

图8 长沙窑器物上的阿拉伯文

3.2.4　装饰技法

在胎装饰上，邛窑擅长雕塑，运用印花、镂空、刻花、划花、雕塑、堆贴等多种装饰手法，其贴花工艺较长沙窑更为复杂精致，多用于高档的贴花彩瓷器，往往采用多道工序和多种技法。而长沙窑则更擅长模印贴花、文字书法和绘画。

在釉装饰上，邛窑在其兴盛时期烧造出几十种深浅不同的釉色，有青绿、青黄、绿、深绿、乳白、黑、酱褐等。长沙窑的釉色相对邛窑要少于变化，但光洁润泽，与匣钵装烧有关。

在彩装饰上，邛窑瓷器上的釉下点彩圆圈斑块由不同色调和形式搭配组成，长沙窑虽然只有颜色深浅不同的酱褐色斑块，但邛窑点彩不如长沙窑活泼生动；邛窑早在隋代就首创发明了高温釉下褐、绿、黑三色彩瓷，也就是"邛窑三彩"，

开创了中国彩绘瓷的新篇章，到唐代更进一步发展为褐、黄、蓝、绿彩等多色彩釉。长沙窑由最初单一的褐彩逐步发展为褐、绿两种彩釉交替或重复使用。

3.3　邛窑与长沙窑的相互关系

1960 年，冯先铭先生在《文物》上发表的《从两次调查长沙窑所得到的几点收获》一文，是首先提出邛窑与长沙窑关系的文章。冯先生认为两窑在装饰风格、装烧工艺上"绝不是偶然的相合，说明它们之间的关系是比较密切的"。邛窑与长沙窑被后人形象地称为"姐妹窑"、"并蒂莲"，足见两窑的相互关系非常密切，随着时代更迭演变，政治、经济、文化、科技、交通、人文思想等诸多客观条件的变化，相互影响，逐步发展演进。

邛窑创烧的时间要早于长沙窑，两窑的兴盛期都在唐代，因此长沙窑在一定程度上受到邛窑的影响，进而承接，如壶是两窑的主要器型，也是产量最多、最具特色、艺术成就最高的器型。两窑都烧制铜红釉，邛窑首先创烧了铜红釉，但由于制瓷技术的限制，器物的质量不高。到长沙窑时，铜红釉得到了显著的发展，技术较邛窑更为纯熟，质量和产量都提高到了一个新的高度。两窑的地理位置优越，都选址在水路交通发达、自然资源丰富之地。按照当时社会风尚、经济环境、意识形态的不同，以市场需求为中心，来创设、装饰产品，技术工艺也随之不断革新，两窑在主要器型和装饰技艺上充分体现了这个灵活变通的特点。

注：本文图片来源于李知宴《邛窑长沙窑的艺术风采和辨伪》；董小陈、陈丽琼《再论邛窑外销陶瓷》；王瑜《长沙窑陶瓷艺术与西亚文化交流》；于子雅《邛窑与长沙窑的比较研究》。

参考文献

[1] 董小陈、陈丽琼. 再论邛窑外销陶瓷 [J]. 东方收藏. 2017（7）.
[2] 冯先铭. 从两次调查长沙窑所得到的几点收获 [J]. 文物，1960（3）.
[3] 张天琚. 关于"邛窑和长沙窑关系"争论的若干问题 [J]. 东方博物，2005（9）.
[4] 张天琚. 长沙窑源于邛窑再说 [J]. 中国文物报，2004（12）.
[5] 王瑜. 长沙窑陶瓷艺术与西亚文化交流 [D]. 景德镇：景德镇陶瓷学院，2012.
[6] 于子雅. 邛窑与长沙窑的比较研究 [D]. 北京：中国社会科学院，2016.
[7] 中国硅酸盐学会. 中国陶瓷史 [M]. 北京：文物出版社，1982 年.
[8] 冯先铭. 中国陶瓷 [M]. 上海：上海古籍出版社，2001 年.
[9] 白明. 片面之瓷 [M]. 北京：北京美术摄影出版社，2007 年..

A Brief Analysis on the Similarity and Difference between Qiong Kiln and Changsha Kiln

Jiang Shan-shan

Abstract: Qiong Kiln and Changsha Kiln are both the famous folk kilns in the southern region of China that burned green glazed ceramics. The two kilns belong to Yangtze basin and had large-scale kilns, fine quality, more production, good skilled in decorative technology of porcelain making and high creativity, which are a large proportion in the exported porcelain of Tang Dynasty, especially Changsha Kiln that is the originator of overseas order and integrative design, product and sales. The milestone places of two kilns is of great importance in the history of ceramics in China. They are close related but gradually diverged, which is called the twin kilns. This paper attempts to compare Qiong Kiln and Changsha Kiln in the eras of porcelain making and sites location, main vessel shapes, kinds of glazes and decorative ornamentation in order to analyse their characteristics respectively. Then compare the two kilns with sites location and selected glaze, porcelainmaking, main vessel shape, decorative ornamentation and so on. Lastly, the mutual relationship of two kilns is highly affirmed.

Key words: Qiong Kiln; Changsha Kiln; comparison; mutual relationship

作者简介

蒋珊珊 /1982 年生 / 女 / 黑龙江人 / 就职于中国园林博物馆北京筹备办公室

乾隆御制诗《万寿山即事》与"万寿山昆明湖碑"题刻差异之考辨

肖锐

摘　要：颐和园内现存多处乾隆皇帝御笔亲题的碑刻遗存，以转轮藏前的"万寿山昆明湖"碑极具代表性。石碑东侧刻有清乾隆帝《万寿山即事》诗（三首），诗其二的首联在碑刻上为"明湖略仿西"，与各个御制诗刊刻版本或出版物上所收录的内容"明湖仿浙西"有差异。经考证，石碑上的文字应为诗作的初稿，而在后期刊刻印刷时，对诗文再次进行了精心校对与推敲，将之前的碑刻文字进行了修改付刻，从而造成了二者差异。

关键词：乾隆；御制诗；万寿山即事；题刻

1　乾隆御制诗

中国帝王喜作诗文者不少，像清帝那样几乎人人书怀成习、编刻成集并成为系列，则属罕见。清帝以写诗属文的方式记录下所思所见所感所作，乾隆曾说"几务之暇，无他可娱，往往作为诗古文赋。文赋不数十篇，诗则托兴寄情，朝吟夕讽。期间天书农事之宜，莅朝将事之典，以及时巡所至，山川名胜，风土淳漓，莫不形诸咏歌，纪其梗概"。从几乎日日有作，甚至一日多首，其中有很多注重纪实、铺陈政事之作，而不是纯粹文学意义上的诗。

乾隆的御制诗集 5 集，434 卷，收诗 48100 首，这是在位 60 年间所写。乾隆皇帝一生所作 4 万余首御制诗文，其中有 1523 首以咏颂清漪园。乾隆每到一处登临巡幸、观赏风景都会吟咏诗篇。清漪园 100 多处景物几乎处处有诗，可见乾隆对自己倾心营建的这座园林极为偏爱。另外，从历史价值来看，乾隆御制诗对景观的介绍和描写、对季节的记述和把握以及时间的讲述也成为研究清漪园的史料佐证。

2　清漪园《万寿山即事》诗与题刻

颐和园转轮藏前的"万寿山昆明湖"碑（图 1）东面，刻有清乾隆帝《万寿山即事》诗（三首），诗其二的首联在

图 1　"万寿山昆明湖"碑

碑刻上为"明湖略仿西"（图2），而该句与各个御制诗刊刻版本或出版物上所收录的内容——"明湖仿浙西"——均不同。该句诗中，"明湖"自指清漪园（颐和园）昆明湖，而"略仿西"与"仿浙西"，看似两字之差、微沫之事，而于碑文，是乾隆御笔亲题；于刻本，经几代传承考订，二者究竟何为正误，就存在考证的必要，笔者就此做一探究。

根据光绪五年（1879年）内府铅印本御制诗文集记录，《万寿山即事》诗（三首）作于清乾隆十八年（1753年），壬申年春，当时距离清漪园开始修建已有两年余。万寿山前山东侧的"万寿山昆明湖"碑在清漪园建园早期即立于此（乾隆十六年，1751年），碑阳面"万寿山昆明湖"擘窠正书，阴面为记述修浚昆明湖始末的"万寿山昆明湖记"，两侧为乾隆御制昆明湖诗，其中，碑东面镌刻内容显示，《万寿山即事》诗（三首）于癸酉年春月由皇帝"御题并书"，大约晚于成诗时间一年。

3 乾隆《御制诗二集》不同版本之考辨

清光绪五年（1879年）成书的这一铅印本御制诗文集序言为奕䜣等大臣奏请付印先帝御制诗文，其中写明"一切格式均照原书"，而这"原书"指代为何？清代御制诗文的

缮录、编纂和刊行，先后产生了稿本、抄本、刻本、铅印本4种，稿本今存无多，据与刻本对照，刻本多处已依签注意见改正。抄本中的《四库全书荟要》（图3）（以下简称"荟要"），为乾隆三十八年（1773年）诏修《四库全书》时，乾隆深恐年事已高，看不到这部大书的完成，便下令于《四库全书》中撷其精华，缮为"荟要"，即可求精又可求速，于乾隆四十三年（1778年）成书，当中将已刊行的三朝御制诗文集也收录其中，乾隆御制诗只收到三集；而《四库全书》本，完成时间晚于"荟要"五年以上，乾隆御制诗随之收录。《四库全书》的"七阁"版本虽略有不同，但未提及《万寿山即事》诗存差异之处。在"荟要"集部中收录的《万寿山即事》诗，则与光绪五年内府铅印本（图4）内容相同。

值得一提的是，"荟要"的编选，可谓慎之又慎，乾隆三十八年（1773年）十月初九若干种收在"荟要"之书钞毕进呈时，因抄写有误，校书官未校出，乾隆立即谕令内阁订立抄校考察办法，"今进呈已经缮成之《荟要》各卷内，信手翻阅，即有错字二处，则其余书写鲜误者谅复不少，若不定以考成，难期善本……"四库馆臣便提出奏请"缮本讹字，一由于校录之未尽精审，一由于各员之未有考成……自当严定规条……各加谨凛"。"荟要"的编辑考订校勘等曾多次得到乾隆称赞，并曾将馆臣所考订的内容附诸书各卷之后刊印流传。

图2 石碑细部"明湖略仿西"

图3 摛藻堂《钦定四库全书荟要》卷一万三千三百六十五·集御制诗《万寿山即事》

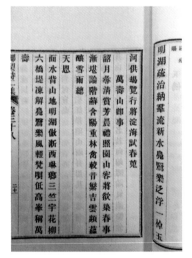

图4 颐和园藏清光绪五年内府签印本·御制诗二集卷三十八《万寿山即事》

有学者认为与《四库全书》相比，"荟要"编校得更好一些，主要原因是其卷帙比《四库全书》少，且摛藻、味腴（分存两版"荟要"之地）都是乾隆经常游憩之所，所贮图书取携最便，可随时浏览，故馆臣更要加以小心，因此从版本学角度看，其中某些书却可达到乾隆要求，成为天下之善本。

另外，"荟要"的集部排列次第有一特点，即在此部的

开首，先列清朝各皇帝诗文集，其他朝诗文集都按朝代列于其后，乾隆四十六年（1781年）二月对此事曾有上谕"惟集部应以本朝御制诗文集冠首，至经史子三部，仍照例编次，不必全以本朝官书为首"。可见乾隆对于收录在"荟要"中的御制诗文的重视程度，若有贻误，定为修正。

除了稿本、抄本之外另有清内府刻本和铅印本。清代御

制诗文集的内府刻本绝大部分由武英殿刊成，自康熙五十年（1711 年）开始至光绪年止，随编随刻，所有清内府刻本仅《清高宗御制诗文全集》有中国人民大学出版社影印本，收录《乐善堂全集定本》《御制诗初集》《御制诗二集》《御制诗三集》《御制诗四集》《御制诗五集》《御制诗余集》《御制文初集》《御制文二集》《御制文三集》《御制文余集》。乾隆在位时刊刻的五集御制诗集仅初集作有小序，序中写"取丙辰以迄丁卯所作略加编定都为四十四卷古今体计四千一百五十首……命翰林中字画端楷者分卷抄录装为一集，不付刊刻……乾隆己巳夏六月望日"，后太子少保尚书蒋溥，也是乾隆御制诗初集并二集的编者，禀奏请将该诗集进行校录刊刻，但未注明校录刊刻的起讫时间。只在《御制诗二集》蒋溥"以奏代序"中写明皇帝并未允许初集刊刻，而初集的刊行时间也的确晚于结集两年；《御制诗三集》于敏中请奏中写"御制诗初集二集次第刊行……（三集）奏请按前例编刊"。

再就是清光绪五年（1879 年）的铅印本（见上文图片，颐和园藏光绪五年内府铅印本），此一版是光绪五年将圣祖至文宗诗文集由总理各国事务衙门铅印一百部，一切格式均照内府刻本。

乾隆在位 60 年间刊行御制诗共 5 集 434 卷，共收 41800 首诗，如乾隆继位以前的《乐善堂全集》以及退位以后的《御制诗余集》还都在其外。这五集御制诗先于乾隆十四年（1749 年）（御制诗初集，收录丙辰年到丁卯年诗作）、二十四年（1759 年）（御制诗二集，收录戊辰年到己卯年诗作）、三十六年（1771 年）（御制诗三集，收录庚辰年到辛卯年诗作）、四十八年（1783 年）（御制诗四集，收录壬辰年至癸卯年诗作）、六十年（1795 年）（御制诗五集，收录甲辰年至乙卯年诗作）结集刊行。

收录在《御制诗二集》中的《万寿山即事》诗应该于乾隆二十四年（1759 年）才进行付梓刊刻，其时，"万寿山昆明湖"碑东面的御书题诗已刻成五年左右，可以判断石碑上的文字应为诗作的初稿，而在后期刊刻印刷时，对诗文再次进行了精心校对与推敲，将之前的碑刻文字加以修改付刻。单从文字角度来讲，"略仿西"中的"西"指代为何，如不知园史者恐怕不能明确，而"仿浙西"则明确表示清漪园的设计与建造是包含了西湖的影子，这一点确凿无疑；且乾隆作诗极快，比如乾隆三十六年（1771 年）乘船昆明湖时，不到一个小时竟写了八首诗，乾隆对自己的诗有两个字的评价——拙速，"拙速吾犹惯""拙速由来我所能"，这多少反映了他写诗的特点，快且不拘格律、不事雕饰、信口拈来便成篇什，但对于刊印文本，特别是将流传于后世的善本定要"咬文嚼字"。

4　结语

今天，石碑上这些已风化多年的文字，我们尚能依稀辨认，那最初属于这座园林的遗存，向我们讲述着无声的历史。2010 年，颐和园管理处根据颐和园珍藏的清光绪五年（1879 年）内府铅印本御制诗文集，加以考证、筛选整理并出版了《清代皇帝咏万寿山清漪园风景诗》，该书为研究清漪园提供了可靠的一手资料，其中也收录了这首《万寿山即事》诗。

附：

万寿山即事
乾隆十八年

韶月寻清赏，芳晨礼照园。
山容将欲染，春事渐堪论。
阶藓含阳重，林禽较昔繁。
吉云频酝酿，雪雨总天恩。
面水背山地，明湖仿浙西。
琳琅三竺宇，花柳六桥堤。
冻解凫鹥乐，风轻梵呗低。
高峰称万寿，慈寿祝同齐。
梅雪轻喷麝，松风谩起涛。
得奇欣在迩，因迥亦为高。
纵匪民之力，宁无作者劳。
抒怀聊即事，便与付宣毫。

参考文献

[1] 钦定四库全书．文渊阁版．电子资料．
[2] 钦定四库全书荟要．摛藻堂版．电子资料．
[3] 清御制诗文集．清光绪五年内府刻本．
[4] 清高宗御制诗文全集 [M]．中国人民大学出版社，1993．
[5] 李靓．乾隆文学思想研究 [D]．中央民族大学文学与新闻传播学院，2013．
[6] 朱赛虹．清代御制诗文概析 [J]．北京图书馆馆刊，1999．
[7] 刘乃和．四库全书荟要的编修 [J]．史学史研究，1985．
[8] 戴逸．我国最多产的一位诗人乾隆帝 [J] 吉林大学社会科学学报，1985．
[9] 颐和园管理处．清代皇帝咏万寿山清漪园风景诗 [M]．中国旅游出版社，2010．

The Differences between the poem of *Record on Longevity Hill* and the Inscription on *Longevity Hill Kunming Lake* Stele

Xiao Rui

Abstract: In the Summer Palace, there are many inscribed inscriptions of emperor Qianlong's calligraphy, with *Longevity Hill Kunming Lakeas* one of the representatives. On the east side of stele engraved with Qing Dynasty Emperor Qianlong's three poems *Record on Longevity Hill*, in which a sentence *Kunming Lake slightly imitated West Lake of Hangzhou*, differed fromother sources of inscription and printing which was *Kunming Lake imitated West Lake in Zhejiang*. The author examined the differences between different versions of the imperial poetry, and found that the former poem on the stele of Summer Palace was the original draft, and later on it was revised to the latter version, thus made the difference.

Key words: Emperor Qianlong; imperial poetry; Record on Longevity Hill; stone inscription

作者简介

肖锐 /1985 年生 / 北京人 / 毕业于福建师范大学 / 硕士 / 现就职于北京市颐和园管理处研究室 / 研究方向为园林文化与历史

中国动物标本大赛中的精品

肖方

摘　要： 自2009年至2016年，中国动物标本大赛已成功举办了三届。第一届参赛作品由300个标本195件作品构成，第二届参赛200个标本176件，第三届160个标本127件作品，参赛标本在哺乳类、鸟类和鱼类等动物类型上具有中国特色和新的亮点。世界动物标本大赛评委会主任斯基普先生介绍了世界大赛的获奖作品，开阔了参赛者的视野。

关键词： 中国；动物标本；大赛

1　中国动物标本大赛的发起

中国动物标本大赛酝酿于2009年国家动物博物馆开馆之后，最初国家动物博物馆黄乘明副馆长和卢春雷老师以及北京动物园动物标本专家肖方提议，由中国科学院动物研究所牵头组织开展中国动物标本大赛的相关工作。2011年开始策划首届中国动物标本大赛，成立大赛筹委会即组委会，组委会由中国科学院动物研究所、中国动物学会、国际动物学会、国家动物博物馆、北京动物园、北京动物学会分会、福建省野生动植保护协会动物标本专业委员会等方面的相关人员构成。由组委会讨论确定参赛作品范围（脊椎动物）、参赛作品的合法性与合规性、大赛的评选规则与评比条件、大赛评委会组成、协办和承办单位等事项。中国动物标本大赛先后得到了国家林业总局野生动植物保护司、中国野生动物保护协会直接参与和支持。

2012年3月25日至27日举办了首届中国动物标本大赛，评委会由肖方、汪松、张春光、洪兴宇、江智华、张雁云、陈寅山组成。此后，两年一届大赛，2014年6月1日至6月8日的第二届中国动物标本大赛，评委有肖方、张春光、洪兴宇、张雁云、李瑶、潘毅群、倪喜军。2016年3月27日至3月31日的第三届中国动物标本大赛，肖方、张春光、洪兴宇、张雁云、倪喜军、Skip Skidmore、邬建安担任评委。这三届大赛在北京举办，均由国家动物博物馆承办。

中国动物标本大赛是一个平台，是一个引领中国动物标本健康发展的平台；是一个将夕阳产业放到国家平台的举措，是将动物标本放到科学、教学、科普和博物馆收藏的平台；是动物标本技艺成果与工匠精神展示交流的平台；是对动物标本制作水平进行评价的舞台；是作者、评判者相互交流互补的平台；是与国际接轨的桥梁和枢带。

2　第三届中国动物标本大赛的亮点

第三届中国动物标本大赛评委构成的多样化和评委年龄的阶梯形成为亮点。此届动物标本大赛邀请了世界动物标本大赛评委会主任、美国Brigham Young大学的动物标本专家Wesley Skip Skidmore先生作为评委之一，他将世界动物标本大赛的评判规则介绍给了中国，这对中国学习先进的评判方法起到了良好的推动作用，使此届大赛的评判工作更具有科学性、专业性、艺术性、权威性和国际性。评委年龄"50后"至"80后"，各年龄层均有代表，发挥了各年龄段优势，每一位评委独立评判再集中统一，人评与计算模型计算相结合，更加体现评判的公正与公评。这样的评委构成与评判方法，为中国动物标本大赛的可持续打下了良好基础。各组的参赛作品也有新的亮点。

2.1　哺乳动物组（图1～图4）

第六届中国动物标本大赛首次出现六匹马的标本参加比赛，这六匹马标本塑造了六种马的神态与造型，讲述着作者与马的交流情景。这一作品不仅成为中国动物标本大赛的亮点，也是世界动物标本大赛仅有的事例。形成这种现象原因

图1 哺乳动物组一等奖作品——跨越

图2 哺乳动物组一等奖作品——黑骏马

图3 哺乳动物组一等奖作品——雪豹

图4 哺乳动物组一等奖作品——盘羊

强，脊柱与前、后肢的曲线极为丰富，马头部的框线与点位特征突显，要想完好地塑造再现马的神态和精准的结构曲线，并让观众和评委认可，等等这些都给马的标本制作者们提出了挑战。一件优秀的马标本作品一定是将全部挑战的思考融到作品之中。

2.2 鸟类组（图5～图7）

本次大赛作品有与环境生态融合紧密的护巢、丹顶鹤等优秀作品，有雉类、鸭类的生境原形态再现的优秀表现，更为值得点赞的是红嘴蓝雀作品在鸟的眼睑部位的精准塑造和表现力上有了新的突破，作品精细刻画再现了鸟在兴奋状态下眼睑的瞬间以及眼睑外缘周边的红色点斑，刻画之精准，得到了大赛评委和专家的广泛赞许，这个制作水平在鸟类标本制作中具有里程碑意义。真诚地向这个企业和作品的完成人表示致敬，这是代表中国乃至世界鸟类标本制作水平的风向标。

2.3 鱼类及其他组（图8～图10）

历经三届动物标本大赛，第三届出现了丰富的硬骨鱼标本参赛作品，这些硬骨鱼标本均为真皮剥制而成，同样

有两个，一个是敢于挑战制作难度的人增多了，另一个是寻找大型动物标本来源的路径变窄了。这种现象又折射出我国从事动物标本制作的企业和人员守法的意识提高了。马的标本制作确实有较高的挑战性，马与人关系密切，人对马比较熟悉，马给人留下了力与战神的深刻印迹；制作马的标本没有固定标准可以借鉴，马体型较大，被毛较短，肌肉表现力

图5 鸟类组一等奖作品——丹顶鹤

图8 鱼类一等奖作品——旗鱼

图6 鸟类组一等奖作品——白鹭

图9 鱼类一等奖作品——双髻鲨

图10 鱼类获奖作品

图7 鸟类组一等奖作品——护巢

构成了本次大赛的亮点,受到中国科学院动物研究所鱼类专家的高度评价和赞许。这些硬骨鱼标本不仅丰富了中国动物标本大赛参赛作品的类别,也代表了中国硬骨鱼类剥制标本的现有水平。我国鱼类标本制作的提升空间仍有广阔天地。

3　世界大赛的获奖作品特点

3.1　动物标本制作的细节

世界动物标本大赛评委主任 Skip 先生用实例和图片演示，向中国动物标本大赛参赛选手介绍了参加世界动物标本大赛的获奖技巧。

第一，要重视脊柱的曲线，肌肉的表达，整体的平衡性和稳定性，动物标本与环境设计的科学性、协调性。

第二，更多讲解了头部及其构造中的关联曲线，口 - 眼 - 耳的间距以及鼻、眼、耳连线的夹角。口唇的表现应参考与其行为相符图片。口腔的塑造牙、牙槽、腭、舌均要真实，评委经常会持手电筒看口腔细节的塑造。鼻的表现不应只注重表层而不表现鼻腔、鼻道，不仅要做好鼻孔顶部和侧面的曲线、褶皱，评委更希望持手电筒看到鼻孔至鼻道 5 ~ 6cm 的内部表现力。鸟类的鼻孔的塑造也不容忽视。眼：即义眼的虹膜颜色、瞳孔形状、义眼表面曲度及透视度等都需要符合科学，眼睑的表现更要符合动物种的行为特征，上下眼睑的曲线变化，眼睑与义眼的结合度，内眼角与外眼角的间距，两侧眼角间距和夹角，眼中至耳中连线的关系，眼中至鼻中连线的关系，眼中至口中连线的关系等都应兼顾好。耳：耳朵的长短、耳孔的朝向要符合该动物的行为特征，符合耳与眼的器官功能互补性、协调性；食草动物耳朵大，灵长类动物耳廓复杂，耳朵的沟回曲线也应尽可能真实、完美地塑造。

第三，讲述了肛门、生殖器的细节不可忽视，这些细节的精准再现、真切的塑造和表达是获得评委加分的选项。

第四，强调了平时观察动物、积累动物资料的重要性，这其中包括动物与环境、动物行为记录、动物整体与局部特写资料等等，这些对做好一件精美的动物标本都会起到非常重要的作用。他欢迎有更多更好的中国动物标本作者和作品参加在美国举办的世界动物标本大赛。

3.2　中国动物标本大赛的感受

Skip 讲这次来中国参加动物标本大赛评比工作，亲眼见到中国参赛作品，深受震动，确实有不少作品很棒，达到或接近了国际水平，进步很大、很快。2006 年看到的中国动物标本的艺术性、完美性是低水平的，2016 年中国标本大赛的参赛作品中哺乳类、鸟类、鱼类都有与环境协调一致，结构准确、造型优美的好作品，留下了深刻而美好印象，中国动物标本大赛还有需要努力和提升的空间。

4　结束语

中国动物标本大赛成功举办得益于那些勇于拿出作品前来参加动物标本大赛的组织者、指导者和制作者，是他们在推动、引领、开拓这个行业的今天和未来，正是他们的参与才使得中国动物标本大赛彰显出存在的价值，正是他们的不解奋斗这个行业才有发展，才能获得明天，正是他们的存在这个行业方可生存，珍惜所有人在困难境中那种决不放弃的精神，让这种勇气和信心，伴随科学一路前行。

Excellent Products in the Contest of China Zoological Specimen

Xiao Fang

Abstract: The contest of China zoological specimen has been successfully held for three sessions from 2009 to 2016. There were 300 specimen samples and 195 pieces of works in the first contest, 200 specimen samples and 176 pieces of works in the second contest, and 160 specimen samples and 127 pieces of works in the third contest. A new highlight in the last contest was the specimens of mammals, birds and fish with Chinese characteristics. Mr. Skip, director of judging panel of World Zoological Specimen Contest, introduced the awarded works of World Zoological specimen contest, which expanded the participant's views.

Key words: China; zoological specimen; contest

作者简介

肖方 /1957 年生 / 男 / 北京人 / 本科 / 北京动物园

园林植物文化的传承展示

朱莹　陈进勇

摘　要：植物是园林的重要组成部分，具有托物言志、地域特征显著、民族特色浓郁等文化特点。园林植物文化要进行传承展示，植物景观中的情境营造是最基本的做法，寺观园林中也可利用植物营造宗教文化氛围，此外，建设植物文化园、举办植物文化节和民俗节庆植物展也是有效的方式，还要注重弘扬古树名木和纪念树文化，传播民族植物文化，这样才能将我国的园林植物文化发扬光大。

关键词：园林植物；植物文化；文化传承；文化展示

植物是园林不可或缺的组成部分，具有较强的生态、景观、美学和文化熏陶等作用。植物文化是指人们在长期生活中形成的与植物相关联的生活方式的总和，如相关的习俗或人为给予植物人格化的含义，以及在各种文化、社会因素下所赋予植物的人文内涵等。中国的植物文化历史悠久，最早的诗歌总集《诗经》就将植物作为比兴的载体，将花草树木与人的活动和情感联系起来，托物寄兴，感物咏怀。《郑风·溱洧》"维士与女，伊其相谑，赠之以芍药"，将芍药当作爱情的信物 [1]。汉武帝扩建上林苑时，各地进贡的名果异树就有3000余种。植物应用不仅有着浓郁的地方特色，而且文化内涵丰富，具有很强的感染力。松、竹、梅由于耐寒性强，被称为"岁寒三友"，孔子赞叹"岁寒，然后知松柏之后凋也"。梅花冬季开花，有"万花敢向雪中出，一树独先天下春"的赞誉。荷花由于"出淤泥而不染，濯清涟而不妖"，被认为有君子之风，不流世俗。不同民族和地区的人民，由于生活、习俗和文化背景的不同，形成了各自对植物的差异化认识和独特的文化内涵，需要进行传承展示。

1　植物景观情境的营造

园林植物配置，不仅要营造优美的环境，还要传达情感。植物文化在园林中的最好体现是植物造景，以景传情，以景立意 [2]。西安的"灞桥烟柳"之景出自《三辅黄图》，"灞桥在长安东，跨水作桥，汉人送客到此桥，折柳赠别"。"柳"

与"留"谐音，折柳赠友含有"挽留"之意 [3]。也合乎《诗经·小雅·采薇》"昔我往矣，杨柳依依；今我来思，雨雪霏霏"的诗句。

承德避暑山庄的"万壑松风"地处高岭，古松森然，其联曰："云卷千松色，泉和万壑吟"，让人联想到风吹松林的磅礴气势，体现出皇家的气魄。苏州拙政园的远香堂为主厅，堂前一池荷花，取北宋周敦颐《爱莲说》中"香远益清"句意，借此标榜园主的洁身自好。拙政园中还有"海棠春坞"、"梧竹幽居"、"松风亭"等以植物取材的景点20余处。网师园的"殿春簃"以观赏芍药为主，取自诗句"多谢花工怜寂寞，尚留芍药殿春风"，芍药开花季节在春末，故曰殿春。美国纽约大都会博物馆还以殿春簃为原型，建造了中国式庭院"明轩"。

潮汕地区的村庄多种植榕树和竹子，谓"前榕后竹"。《揭阳县志·风俗》载：元宵节，县城"老者采榕枝、竹叶以归，以祈健康长寿"。可见，栽植榕树和竹子，寓意着健康长寿。梅州客家人也认为，竹象征着平安，自古就有"无竹不成村"的说法，因而，竹林成了村寨中一道靓丽的风景。

2　植物宗教文化氛围的表达

寺观园林是中国园林的一种类型，寺观中栽植的很多植物种类被赋予了宗教文化内涵。道教是我国土生土长的宗教，道观多植桃树，如崇业坊的元都观，以满观如红霞的桃花闻名于长安，刘禹锡有"玄都观里桃千树"的诗句。因为民间有桃枝能去邪而且食桃果能成仙的传说。银杏树寿命极长，为道观长生不老、延年益寿的象征，因而广为栽植。

佛教初始就与植物结下了不解之缘，《佛教的植物》描述释迦牟尼在无忧树下出生，在菩提树下成道，在竹林精舍弘化，在娑罗树下入灭。菩提树蕴含着深厚的佛教文化，正如六祖慧能所说："菩提本无树，明镜亦非台，本来无一物，何处惹尘埃"。南方寺庙中栽植菩提树，北方寺庙由于气候不适，则栽植椴树、丁香等顶替菩提树。莲花是佛教九大象征之一，《佛陀本生传》记载释迦牟尼出生时向四方各行七步，步步生莲花，三世佛以及观音菩萨都是足踏莲花座或端坐于莲花台上。因此寺庙园林多建水池种植荷花或睡莲，以此象征极乐净土。

云南西双版纳地区信奉小乘佛教，寺庙周围要种植"五树六花"，由于生态环境限制，植物种类会有所区别。"五树"常指菩提树、大青树（高山榕）、贝叶棕、槟榔、糖棕或椰子，也有用铁力木的；"六花"常为荷花（或睡莲）、文殊兰、黄姜花、黄缅桂、鸡蛋花和地涌金莲，也有用金凤花或凤凰木的。

3 植物文化园的建设

随着我国社会经济的发展和城市化进程的加快，人们对精神生活的需求不断提高，很多城市开展了市花市树的评选，以此激励人们的生活热情，提升城市的文化品位。如木芙蓉为成都市花，具有渊远流长的历史，赵林《成都古今集记》"孟蜀后主于成都城上，尽种芙蓉，每到深秋，四十里如锦绣，高下相照，因名锦城"，可见成都种植芙蓉之早之多。福州的榕树不仅以冠大荫浓营造出古城风貌特征，如福州国家森林公园的榕树王冠幅1330m²，可容纳千人聚会。而且榕树悠久的历史、丰富的内涵、意蕴深刻的民俗文化，成为福州特有的城市文化，有"三山骨、闽水魂、榕树根"之说。清乾隆年间，福州知府李拔在衙门内建榕荫堂，并作跋文，指出榕树"在一邑则荫一邑，在一郡则荫一郡，在天下则荫天下"，并要以造福百姓为己任。可见市花市树的文化内涵丰富，应加以宣扬。

市花市树的评选有利于植物的推广应用和文化弘扬，很多城市建立了市花园，如厦门、深圳的三角梅（簕杜鹃），洛阳、菏泽的牡丹，郑州、常州的月季等都有专门的栽植展示，得到了市民和社会的认可。南京、武汉、无锡等地纷纷建立梅园，举办梅花展，将梅花选为市花等，将梅文化往前推进。

植物专类园的建设是宣传植物文化的有效途径，如北京植物园就建立了月季园、牡丹园、芍药园、桃花源、丁香园、海棠园等10余个专类园，对植物进行专类展示、科普宣传和文化挖掘，是植物文化宣传的重要阵地。

4 植物文化节的举办

我国的传统名花众多，蕴含文化深厚，通过举办植物文化节活动，弘扬传统文化，起到促进城市绿化水平和产业发展，丰富市民文化生活的作用。北京市的市花为月季和菊花，

这两种花卉都原产我国且栽培历史悠久、品种丰富。月季因其花朵美艳夺目而称为"花中皇后"，通过举办月季文化节，促进月季的推广应用，将月季带进学校、社区，提高了市花在市民中的地位。同时通过抓科研生产，使月季的品种不断丰富，城市景观不断提升。还开展最美月季园、最美月季大道、最美月季社区等评选活动，促进月季的推广应用水平，真正让月季扎根于市民心中。

菊花早在2500年前《礼记·月令篇》中就有"季秋之月，鞠有黄华"的记载。屈原"朝饮木兰之坠露兮，夕餐秋菊之落英"。陶渊明辞官归隐山林后，"采菊东篱下，悠然见南山"，使菊花被喻为花中"隐士"。我国有栽培菊花品种3000余个，龙菊、塔菊、球菊、什锦菊、盆景菊等菊艺发展迅速。举办菊花文化节，展出多彩的菊花品种，展示菊花的各种造型技艺，以丰富市民的文化生活。通过赏菊、画菊、品菊花茶、饮菊花酒、尝菊花糕，举办菊花插花等活动，全面展示菊花文化，提高菊花在花卉中的地位和应用水平。

桃在我国的植物文化中独树一帜，不仅果可食，花可观，全株均可药用，因而栽培历史悠久，文化底蕴深厚。桃花观赏性强，曹植《杂诗》有"南国有佳人，容颜若桃李"之句，在南北园林中均应用广泛。北京植物园自1989年每年春季举办桃花节，依托桃花源，展示国内收集最为丰富的桃花品种，通过多种活动宣传桃文化，成为北京市品牌文化活动，桃花节期间游人量每年达数百万人次，起到了很好的宣传植物文化的效果。

桃花节期间展示了桃木做的宝剑，作为工艺品用来驱邪镇宅，因为桃在我国古代被誉为"五木之精"，供奉为神木，用来驱邪制鬼。《礼记·檀弓》载："君临臣丧，以巫祝桃列执戈，鬼恶之也"。桃列是用桃木制柄的扫帚，以此可扫除不祥。还会将桃花的成语、诗词等文化内容，通过植物景观营造和科普牌示说明、讲解等形式传递给大众，给人以熏陶和启迪。关于桃的诗句有很多，《诗经》有"桃之夭夭，灼灼其华"和"投我以桃，报之以李"等诗句。桃的成语和典故也颇多，如"桃李不言，下自成蹊"出自《史记·李将军传赞》，再如"门墙桃李"比喻所培养的后辈或所教的学生，清纪昀《阅微草堂笔记》就有"天下文章同轨辙，门墙桃李半公卿"的诗句。这些文化内容通过桃花李树的配置，在历届桃花节中会有选择地反映。桃花节还会通过植物造景讲述桃的故事和传说，如根据崔护的诗句"去年今日此门中，人面桃花相映红，人面不知何处去，桃花依旧笑春风"，在桃花源中通过桃花与木门、木篱笆配置，形成桃花掩映、人去楼空的场景。再如根据"桃园三结义"，将刘备、关羽、张飞的雕像与桃树相结合，布置在桃园中，能让人回味那段情义庄重的历史。还根据陶渊明的《桃花源记》，在桃花节中展现世外桃源的美景。

5 民俗节庆植物的展览

我国的传统节日中都能找到相关的植物。清明节以上坟

祭祖为主、兼及踏青春游，一些地方还在清明插柳、植树的习惯，因此清明节有"踏青节"、"插柳节"、"植树节"等别名。清明时节，万物更新，春意盎然，除门户插柳外，还有戴柳的习俗。人们以结成球状的柳枝或柳叶戴于头上，既吉祥又有生气。民间以柳祛邪的风俗由来已久，北魏贾思勰的《齐民要术》有"正月旦取柳枝著户上，百鬼不入家"的记载。唐代段成式《酉阳杂俎》称"三月三日，赐侍臣细柳圈，言带之免成虿毒"。可见寒食节插柳戴柳具有驱邪避毒的意思[4]。柳树观赏性强，留下了不少千古名句，如"碧玉妆成一树高，万条垂下绿丝绦"。北京植物园举办清明植物文化展，除了让大家了解清明节习俗外，重点展示旱柳、绦柳、龙爪柳、金枝垂柳、银芽柳、杞柳等丰富多样的柳属植物，还通过插柳、编柳、戴柳等活动重点宣传柳文化，同时在温室内举办插花活动，让人体会盎然的春意[5]。

端午节不仅有吃粽子、赛龙舟等习俗，还有插艾蒿和菖蒲等民俗，人们把艾蒿和菖蒲插在门前，或放在窗边以驱除邪气。《荆楚岁时记》云："五月五日采艾，以为人悬于门户上以祛毒气"。艾和菖蒲均含有丰富的挥发油，叶经提取后对多种致病细菌和真菌均有抑制作用，艾叶还能镇咳、平喘、祛痰，菖蒲酒在古代更认为是一种滋补兼治疗疾病的好酒，悬挂艾蒲或饮菖蒲酒均是驱除灾疫、避瘟保健之意。举办端午植物文化展，除了展示艾蒿、菖蒲等传统植物外，还可以加以创新，展示更多的芳香植物，让人们了解芳香植物的多样性及其在生活中的用途。

中秋节，吃月饼、赏圆月和桂花，喝桂花酒，民间还有嫦娥奔月、吴刚伐桂的传说，后人更以"蟾宫折桂"比喻仕途得志。八月十五桂花正当开放，唐代宋之问《灵隐寺》诗中有"桂子月中落，天香云外飘"，于是桂花也号称"天香"。中秋植物文化便是桂花的文化，桂花是我国的传统名花，宋代吕声之《桂花》有"独占三秋压众芳"的诗句。我国南方很多城市都栽培有大量桂花，中秋赏桂成为人们文化生活的一部分。颐和园的颐和秋韵活动之一就是在中秋节期间赏盆栽桂花。

重阳节的活动有登高、赏菊、喝菊花酒、插茱萸等等。唐代王维《九月九日忆出东兄弟》有"遥知兄弟登高处，遍插茱萸少一人"的诗句。南宋吴自牧《梦粱录》云："重阳，今世人以菊花、茱萸浮之酒饮之，盖茱萸名辟邪翁，菊花为延寿客"。茱萸为芸香科植物吴茱萸，含有的挥发性成分有很强的抗菌抑菌和杀虫能力，对人肠胃消化系统具有良好的作用。菊花也具有较强的抗菌和抑菌能力，又能疏风清热，平肝明目，解毒消肿。因此，重阳植物文化就是要宣扬菊花文化，通过举办菊花展示我国传统的菊花艺术，同时开展插茱萸等活动。

我国的节日还有很多，如"六一"儿童节可以举办向日葵花展，让孩童们欣赏色彩多样的向日葵品种。向日葵的花朵鲜艳，象征着孩子们欣欣向荣、活泼可爱的性格。国庆节花卉常用一串红，其花朵颜色鲜红，自下而上节节开放，象

征着祖国繁荣昌盛和人们生活红火。还有母亲节的康乃馨，也成为节日期间献给伟大母亲的花卉。

6 古树名木纪念树文化的弘扬

古树名木除了具有重要科研、历史价值和纪念意义外，更是历史的见证、活的文物，具有很高的文化价值。北京现有古树名木4万余株，市属11个公园就有13800余株古树，见证了古都变迁。北海公园团城的白皮松，树干绿白交织，纹理清秀，乾隆帝封为"白袍将军"。承光殿东侧有一株距今800多年的油松，树冠亭亭如盖，乾隆曾于树下纳凉，封为"遮荫侯"。天坛公园的九龙柏，主干自下而上树皮纹理凹凸交错，状如蛟龙盘绕，取名九龙柏，成为皇家坛庙园林文化中一绝。

曲阜孔庙的一株圆柏古树，树高达20m，胸径67cm，相传为孔子亲手栽植。据考证，该树多次死而复生，今存的树桩是雍正十二年（1734年）复生的新枝长成。明代钟羽正《孔庙手植桧歌》赞道："冰霜剥落操尤坚，雷电凭陵节不改"。北京市虎坊桥的纪晓岚故居，原名为阅微草堂，庭院内的紫藤和海棠均为纪晓岚亲手所植。紫藤虽有200多年的历史，但每年花满藤架，沁人心脾。正如纪晓岚在《阅微草堂笔记》中描述："其荫覆盖，其蔓旁引，藤云垂地，香气袭人"。

这些古树名木历尽沧桑，不仅树姿优美，而且每棵树都有着动人的故事，蕴含着深厚的文化，必须加以重点保护。现代自邓小平同志提倡全民义务植树活动后，中央和各级领导以及社会名流每年都会参加植树活动，邓小平在深圳仙湖植物园栽植的榕树已成为该园一大胜景。这些树木具有较强的纪念意义，应列入名木的保护范围，如保护到位，将成为未来的古树名木。因此保护古树名木和纪念树，应是百年大计，只有这样，才能延续我国悠久的植物文化。

7 民族植物文化的传播

中国有56个民族，传统利用的植物有8000多种，植物已经渗透到人们的食用、药用、建筑、服装、宗教、礼仪等日常生活之中，共同构成了我国丰富多彩的民族植物文化，需要加以传播。

壮族崇拜的祖宗神树主要是木棉、枫树、榕树，木棉象征着勇敢和坚强，榕树象征种族繁荣昌盛，枫树则寓意民族的苦难史。壮族地区流传着"拜果树"的习俗，即每年正月人们拿着红纸和香到果树根前贴和烧，祈求子孙满堂、多子多福。拜的果树普遍是荔枝、龙眼、杧果、扁桃、木菠萝、番石榴等。壮族先民崇拜的花有木棉花、茉莉花、山茶花、桃花、李花、荷花、绣球花等。《十二月花歌》里唱到了12种开花植物，依次为桃花、李花、油桐花、金樱子花、栀子花、芙蓉花、莲花、禾花、菊花、鸡冠花、梅花、山茶花，一种花代表一个月[6]。

傣族建寨之前，先要选好寨心，种一株树为标志，大青树是常用的树种。大青树冠大荫浓，独树成林，数代同堂，这些树木被当神敬重，不得砍伐。香露兜树是傣族庭园习见的观赏植物，但它还有另一层含义，即表示该主人家中必有少女或少妇。新平傣族常把成年的姑娘比喻成盛开的攀枝花，攀枝花的果实内有许多种子，常常和棉毛一起缝制在"发垫"之中，用作女子的陪嫁物，希望能让家族人丁兴旺[7]。

由于各民族的植物文化具有鲜明的特色，需要在园林中发扬光大，如将各民族的特有植物运用到园林植物造景中，既能让人们欣赏到该民族的特色花卉，还能品味到其文化内涵[8]。北京植物园展览温室依托收集的热带植物，举办了傣族植物文化展，展示"五树六花"中的菩提树、无忧花、鸡蛋花、文殊兰等傣族特色植物，展出贝叶经、傣药、傣族植物手工制品等，还举办泼水节、傣族歌舞等活动，起到了传播优秀民族文化的作用。

一花一木总关情，植物文化是传统的积淀，我国传统园林历经数千年的发展，形成了深厚的植物文化。随着社会和文化的发展，现代园林在注重植物改善生境、创造画境同时，更要提升意境，发扬植物的文化作用。既继承优秀的传统文化，又进行创新发展，赋予园林植物新的文化内涵，呈现新的时代风貌。

参考文献

[1] 布莉华，刘传.《诗经》中的植物文化 [J]. 承德民族师专学报，2005，25（1）：28-30.
[2] 陈进勇. 博古融今——传统园林植物景观的继承和创新 [J]. 中国园林，2016，32（12）：5-11.
[3] 汤振兴，王延方. 中国古典园林中植物的文化寓意 [J]. 安徽农业科学，2009，37（36）：18389-18390.
[4] 肖亮，程凌霞. 传统节日所涉及的食物和植物的文化内涵 [J]. 生物学教学，2011，36（12）：49-51.
[5] 陈进勇，刘东燕，赵世伟. 展览温室的植物展览探究 [J]. 中国植物园，2012，15：16-21. 北京：中国林业出版社.
[6] 肖万娟，黎良财. 广西壮族植物文化在现代园林植物造景中的应用 [J]. 湖北农业科学，2011，50（23）：4867-4870.
[7] 何瑞华. 论傣族园林植物文化 [J]. 中国园林，2004，20（4）：8-11.
[8] 林萍，马建武，陈坚，张云. 云南主要少数民族园林植物特色及文化内涵 [J]. 西南林学院学报，2002，22（2）：35-38.

Inheritance and Display of Landscape Plants Culture

Zhu Ying　Chen Jin-yong

Abstract: Plant is a key element of landscape architecture. It has the characteristics of expressing people's thought, special local features and strong nationality. To inherit and display the culture of landscape plants, emotional context in landscaping is a first way. In temple gardens, plants are used to create religion atmosphere. Other effective methods include building a garden of plant culture, holding plant culture festival and folk plants show. The culture of nationality plants, ancient trees and well-known trees is also deserved to be disseminated. Hence the culture of landscape plants is promoted.

Key words: landscape plants; plant culture; culture inheritance; culture display

作者简介

朱莹 /1973 年生 / 女 / 云南人 / 教授级高级工程师 / 就职于北京植物园 / 研究方向为园林植物
陈进勇 /1971 年生 / 男 / 江西人 / 教授级高级工程师 / 中国园林博物馆园林艺术研究中心

北京古代园林花卉应用、花卉崇拜与花神庙

樊志斌

摘　要: 本文对北京地区古代的花卉园林应用、花卉文化、花神崇拜进行了系统的梳理，并就皇家园林中的花神崇拜空间（花神庙）情况和花神祭祀碑进行剖析，指出花卉文化、花神崇拜是中国园林文化重要的组成部分，值得关注和弘扬。

关键词: 花卉文化；花神崇拜；花神庙；皇家园林

花卉是园林不可或缺的基本要素，不仅表现在园林审美空间的营造和点景，也反映在室内空间的布置上。可以说，没有好的花卉布置的园林，根本算不得好的园林。因此，从花卉的角度，不论是从花卉培育历史、品种，还是从审美习俗、陈设审美等诸多方面探讨，花卉与园林，尤其是与皇家园林的关系，都是一个很大的课题，有着重要的意义。

1　北京的花卉与园林营造

1.1　北京的花卉喜好与丰台花业

北京丰台地区历史上即享大名，水脉丰沛，土地肥沃，非常适合花卉的种植。《帝京岁时纪胜》记载，此地"土近泉宜花，居人以种花为业，冬则蕴火暄之。十月中，牡丹已进御矣。""京都花木之盛，惟丰台芍药甲于天下。"

京城人民对花卉有着极大的热衷，月月赏花，以花卉装点生活。《北京岁华纪》称，京师元旦时节"牡丹、芍药、蔷薇俱有花，较春时薄小，一瓶值数千钱。贵戚倡家插茉莉花。"《帝京岁时纪胜》则称，正月里"梅萼争妍，草木萌动"，"迎春、探春、水仙、月季，百花接次争艳矣。"二月春花烂漫，有"丁香紫、寿带黄、杏花红、梨花白，所谓'万紫千红总是春'。"

大众对花卉这种热衷和皇家宫室、园林中花卉的使用，进一步促使丰台花卉产业的极大繁盛:

京师丰台于四月间连畦接畛，倚担市者日万余茎。游览之人，轮毂相望，惜无好事者图而谱之。如宫锦红、醉仙颜、白玉带、醉杨妃等类，虽重楼牡丹亦难为比。

1.2　北京园林的花卉布置

北京的园林布置中非常重视本地花卉的使用，比如明朝末年京师最为著名的清华园即以花卉布置、种植而著称。《帝京景物略》载:

（丹棱）沇而西，广可舟矣，武清侯李皇亲园之。方十里，正中，挹海堂。堂北亭，署"清雅"二字，明肃太后手书也。亭一望牡丹，石间之，芍药间之，濒于水则已。飞桥而汀……汀而北，一望又荷蕖，望尽而山……乔木千计，竹万计，花亿万计，阴莫或不接。

由《帝京景物略》的记载，可知清华园中不仅有遍植牡丹，间以芍药，一直种到水边，水中则大量种植荷花；而且，过此湖泊，复栽植花木竹林。《泽农吟稿》则称:"堤旁俱植花果，牡丹以千计，芍药以万计。京国第一名园也。"[①]

清华园花卉中，最为著名的当属牡丹。《燕都游览志》载:

原武清侯别业，额曰"清华园"，广十里，园中牡丹多异种，以绿蝴蝶为最，开时足称花海。

---

① 《日下旧闻考》卷七十九。

除了这些用于赏析的花卉，湖中还生长有"莲芡茋蒲，兼以水稻。"① 花开时节，自足以夺美其时。

窥斑见豹，由清华园一园之花卉，可以想见京师各园林中花卉的使用、花卉与园林关系的密切。

1.3　畅春园的花卉布置

畅春园建成于康熙二十五年（1686 年），是清朝建成的第一座大型皇家行宫。畅春园建成后，每年中，康熙皇帝基本一半时间在此度过，因此，康熙朝诸多政治、文化事件在这里策划、决策、实施。某种角度上说，畅春园是清代康熙年间皇家园林第一园，是康熙朝大清帝国政治、文化的动力点；而花卉就成为皇帝休闲、审美、与群臣娱乐不可或缺的基本元素之一。

畅春园的前身清华园本以规模宏大、花卉众多，尤其是以牡丹、芍药品种繁多、面积恢宏而著称，畅春园延续了这一基本特点。康熙三十四年（乙亥，1695 年）四月二日，皇帝召近臣陈廷敬、张英赏花、泛舟。张英《乙亥四月二日，蒙召赐宴畅春园，盖特旨也，漫成四首》云：

> 深宵剥啄启衡门，奉旨来宣荷异恩。
> 明日马蹄侵晓出，琪花丛里到仙源。
>
> 远树新成荫碧条，水边同上木兰桡。
> 纤田山径过双柳，红紫花围白板桥。
>
> 斯景何异泛仙槎，瑞景轩南聚物华。
> 魏紫姚黄都看遍，御栏千种洛阳花。
>
> 远砌斜倾赤玉盘，轻阴更带露华涟。
> 侍臣不管雕栏隔，争看中央绿牡丹。

瑞景轩位于畅春园中宫以北、前湖东南部，其前即是自清华园以来就得享大名的牡丹园。张英以"魏紫姚黄都看遍，御栏千种洛阳花"；"侍臣不管雕栏隔，争看中央绿牡丹"，将此处的花景与特意请来赏花的诸大臣新奇的心情一笔画出。由此可见，花卉对于园林设计、审美、运作的价值和意义。

畅春园中花卉不仅包括北京本地花卉，也包括来自东北、新疆、中原地区的植物品种；而且，除了建造初期的花卉收集外，从现在所见资料，畅春园的花卉搜集工作一直作为园林运作的基本组成部分在持续进行之中。

畅春园第一任总管为内务府正白旗包衣、前宁波府知府李煦。李煦出任苏州织造后，畅春园花木的搜求和布置仍在有序进行之中。康熙五十四年（1789 年）初，李煦致河南巡抚李锡函云：

> 兹有慎刑司郎中董公讳殿邦者，系平素莫逆友，年来，总理畅春苑；而上林颇乏奇葩，董公因专使诣贵辖购买各种。伏乞老弟留神照应，俾洛阳各卉悉移栽禁苑，芳菲呈艳，用以悦圣人之目。②

因此，某种程度上说，园林中花木的养护、补充、布置是园林"活的状态"的基本组成元素。

2　花神崇拜与明清时期的北京习俗

北京是元、明、清三朝的国都所在，数千年来中原汉文化的成果都在这里进行高度的聚集与提升，这样的文化特点同样反映在对中国数千年花卉栽培历史和园林美学、建造艺术的继承上，反映在中国独特的花卉文化与花神崇拜的继承上。

中国花卉文化主要指以人喻花，如以兰花比喻君子，梅花、菊花比喻隐士，牡丹比喻富贵，荷花比喻佛教清净等。因此，在明清的皇家园林中，栽植何种花卉，基本就代表了主人对这种花卉隐意的认同与传播。正是因为将花卉赋予人性化的色彩，中国人的花卉崇拜才有了更多人文性的意义与内容；并由此延伸出诸多信仰与民俗，总结起来主要分三种：花朝节日、花神形象、花神庙的建造与祭祀。

2.1　花朝节与北京习俗

所谓花朝，即百花生日。"花朝"的时间，因时代、地域不同而有所差别。《广群芳谱·天时谱二》引《诚斋诗话》云："东京二月十二日花朝，为扑蝶会。"另引《翰墨记》云："洛阳风俗以二月二日为花朝节，士庶游玩，又为'挑菜节'"。宋时的东京即今天的开封，距离洛阳不过 200km，一省两地之间花朝节的时间即有不同③。宋代吴自牧的《梦粱录·二月望》则记载："仲春十五为花朝节"。这里记载的是杭州地区的花朝。

至明清时代，北京地区以二月十二日为花朝。乾隆时人潘荣陛在《帝京岁时纪胜》"二月"条下有"十二日，传为花王诞日，曰'花朝'"的记载；曹雪芹的爷爷曹寅在《楝亭诗钞》卷三中有"支俸金，铸酒枪一枚，寄二弟生辰"，其"百花同日著新绯"句下自注云："生辰同花生日。"

花朝是日，剪彩为花。明马中锡的《宣府志》记载："花朝节，城中妇女剪彩为花，插之鬓髻，以为应节。"清人顾禄之《清嘉录·二月》"百花生日"条亦言："十二日，为百花生日，闺中女郎剪五色彩缯粘花枝上，谓之赏红。"《清嘉录》记载苏州虎丘花神庙花朝情形则云："击牲献乐，以祝仙诞"，又引蔡云《吴歈》诗形容当日情形，云："百花生日是良辰，

① 谈迁《北游录》。
② 李煦《虚白斋尺牍》卷二第八六件《致河南家大中丞代觅名花》。
③ 清光绪《光山县志》云："二月二日，俗云'小花朝'，十五日云'大花朝'。"光山县，河南信阳市下辖县。

未到花期一半春。红紫万千披锦绣，尚劳点缀贺花神。"

实际上，因为花朝节成为大众生活中的风俗活动之一，不可避免地引来了诸多文人骚客的吟咏。这些诗文也就成为花朝文化的组成内容和时代风俗的基本记忆。今引录一二，以见其一斑。

元·白朴《双调·驻马听歌》：

"白雪阳春，一曲西风几断肠。花朝月夜，个中唯有杜韦娘。前声起彻绕危梁，后声并至银河上。韵悠扬，小楼一夜云来往。"

明末清初的文坛泰斗钱谦益在《二月十二春分日横山晚归作》中写道：

杏园村店酒旗新，度竹穿林踏好春。
南浦舟中曾计日，西溪楼下又经旬。
残梅糁雪飘香粉，新柳含风养曲尘。
最是花朝并春半，与君遥夜共芳辰。

乾隆时期，著名的学人、曾任侍读学士、内阁学士兼礼部侍郎、光禄寺卿的王鸣盛有《金文学招，同钱编修载、韦舍人谦恒、谢编修墉、吴舍人、钱赞善、家舍人游万泉庄》长诗，其首云：

九十春忽半，枯坐成书癖。
金生来唤我，今日花朝期。
城南足烟景，斗酒聊可携。
芦塘可游钓，苔磴可攀跻。
何苦掷心力，钻此故纸堆。
抛书笑绝倒，此语良复佳。
撩拨我狂兴，破费君酒赀。①

2.2 《红楼梦》中的花卉崇拜

花朝节的风俗，在乾隆时期的伟大文学著作《红楼梦》中也有反映。《红楼梦》第七十八回《老学士闲征姽婳词　痴公子杜撰芙蓉诔》中写晴雯死后宝玉反映：

宝玉忙道："你不识字看书，所以不知道。这原是有的，不但花有一个神，一样花有一位神之外还有总花神。但他不知是作总花神去了，还是单管一样花的神？"

这丫头听了，一时诌不出来。恰好这是八月时节，园中池上芙蓉正开。这丫头便见景生情，忙答道："我也曾问他是管什么花的神，告诉我们日后也好供养的。他说：'天机不可泄漏。你既这样虔诚，我只告诉你，你只可告诉宝玉一

人。除他之外若泄了天机，五雷就来轰顶的。'他就告诉我说，他就是专管这芙蓉花的。"

第二十七回《滴翠亭杨妃戏彩蝶　埋香冢飞燕泣残红》中则写饯花神（送花神）习俗，云：

至次日乃是四月二十六日，原来这日未时交芒种节。尚古风俗凡交芒种节的这日，都要设摆各色礼物，祭奠花神，言芒种一过，便是夏日了，众花皆卸，花神退位，须要饯行。然闺中更兴这件风俗，所以大观园中之人都早起来了。那些女孩子们，或用花瓣柳枝编成轿马的，或用绫锦纱罗叠成干旄旌幢的，都用彩线系了。每一棵树上，每一枝花上，都系了这些物事。满园里绣带飘飘，花枝招展，更兼这些人打扮得桃羞杏让，燕妒莺惭，一时也道不尽。

第四十二回《蘅芜君兰言解疑癖　潇湘子雅谑补余音》中则写及凤姐儿之女巧姐儿着凉与祈花神事宜，云：

一语提醒了凤姐，便叫平儿拿出《玉匣记》来，叫彩明念。彩明翻了一会，念道："八月廿五日病者，东南方得之，遇见花神。用五色纸钱四十张，向东南方四十步送之，大吉。"凤姐道："果然不错，园子里头可不是花神。"一面说，一面命人请两分纸钱来，着两个人来，一个与贾母送祟，一个与大姐送祟。

2.3 十二花神崇拜与戏曲娱神

花神崇拜起于何时，盖不可知。西汉刘安撰《淮南子·天文训》载："女夷鼓歌以司天和，以长百谷禽鸟草木。"则早在西汉时期人们就已经有了类似于花神崇拜的信仰②。唐代陆龟蒙《和袭美扬州看辛夷花次韵》中出现了"花神"二字，云："柳疏梅堕少春丛，天遣花神别致功。"

两宋是花神崇拜的重要发展时期。先是，北宋真宗时张君房编辑的道教类书《云笈七签》卷一一三中记载："窥见女子红裳艳丽，游于树下，有辄采花折枝者，必为所祟，俗传女子花神也。"将花神与女性联系在一起。而南宋时期，苏州一带就已经有了花神庙的建造和记载。时，平江府府衙内有百花庙一座，《姑苏志》卷五十九云：

宋韩子师彦古镇平江，夜闻鼓笛喧阗。问："何处作乐？"老兵言："后园百花大王生日，府民年例就庙献送。"

百花大王无疑是为花神，"年例"则说明由来非近，又有音乐喧闹、献送供奉，可见似乎已经形成了一种民俗。

明清之际，"祀花神"之传统节日更为风行，出现了"十二

---

① http://sou-yun.com/QueryPoem.aspx?key=%E8%8A%B1%E6%9C%9D%E6%9B%B2&st=0&dy=0&pt=All&page=1。
② 明代冯应京撰、戴任续《月令广义》谓："女夷，主春夏长养之神，即花神也。"

花神"的形象和信仰。姚小鸥、李阳《〈牡丹亭〉"十二花神"考》指出：

> 在目连戏中，有目前已知明确记载"十二花神"的戏剧表演。始于明万历时期、天启年间依然活跃的樵溪目连班，"演出之前要派人装扮十二花神，并由班主和东道主手捧供果，到戏神胡天祥的墓葬处祭祀，然后才'祭猖'开正戏。"[1]

关于"十二花神"的花主和扮相，各地亦不全同。乾隆时期梨园抄本《堆花神名字穿著串头》（傅惜华藏），是目前可见"十二花神"扮相最早的文字记录，十二花神分别如下：

> 大花神，正生色扮，戴花神帽，三髯，穿四时花顾绣出摆衣，手执金瓶，插牡丹花。
> 闰月花神，为蓂荚门主瑞草灵芝，丑色扮。戴小紫金冠，拍粉，手镯脚镯，项圈多须头，穿顾绣采莲衣，大红绣裤，棕鞋。左手拿灵芝千年运，右手拿棕扫帚。
> 正月花神，为瘦岭仙官梅占魁，小生色扮。戴文昌帽，穿张生衣，执瓶，插春梅花。
> 二月花女，为嵩岳夫人雪杏花艳，小旦色扮。插凤翠过翘，穿舞衣，手执玉兰花。
> 三月花神，为武陵学士白碧桃，小生色扮。戴巾着褶子，内披风，手执桃花。
> 四月花女，为婺尾仙姑爱蔷薇，贴旦色扮。秃头梳螺狮头。穿西湖景白绫裙，大红裤，顾绣采莲衣。左手提花篮，内莺粟花，右手执杏花并花钩（钩如符节式）。
> 五月花神，为红衣使者，喷火榴红，净色扮。戴朱砂判帽，酱色面，红飞襟，着大红圆领挂肚扎甲裙，肩背葫芦，内插菖蒲、蜀葵花，手执石榴花。
> 六月花女，为华墩仙缘并头莲，小旦色扮。梳头项圈，纱罩，手镯，穿元色顾绣纱采莲衣，月华裙，手执荷花，持鹅毛扇。
> 七月花神，为五尊大夫海棠仙，小生色扮。戴晋巾，扎带，穿花褶子，系宫绦，手执海棠花。
> 八月花女，为金英女史桂子兰生，旦色扮。扮如嫦娥式，手执桂花。
> 九月花神，为晚香居士黄菊老人，付色扮。白头陀，戴大荷叶巾，粉红面，白飞襟，穿斗褶子，系宫绦，挂杖，手执菊花。
> 十月花女，为锦城仙子芙蓉貌。正旦色扮。兜头，翠过翘，穿银红绫袄，外罩藏袖锦披风，宫绦上系白葫芦，手执芙蓉花。
> 十一月花神，为雪红令寒雅郎，外色扮。戴东坡巾，白三髯，穿沉香缎褶子，外罩披风，手执水仙花。
> 十二月花女，为九英仙姥装腊女，老旦色扮。白发，帕

子兜头，着沉香缎老旦衣，外罩冰梅披风，帕子打腰，左手抱花神，右手执腊梅花。[2]

《堆花神名字穿著串头》十二月花神　　　　表1

月份	花卉	花神	月份	花卉	花神
正月	春梅	瘦岭仙官梅占魁	七月	海棠	五尊大夫海棠仙
二月	玉兰	嵩岳夫人雪杏花艳	八月	桂花	金英女史桂子兰生
三月	桃花	武陵学士白碧桃	九月	菊花	晚香居士黄菊老人
四月	杏花	婺尾仙姑爱蔷薇	十月	芙蓉	锦城仙子芙蓉貌
五月	石榴	红衣使者	十一月	水仙	雪红令寒雅郎
六月	荷花	华墩仙缘并头莲	十二月	梅花	九英仙姥装腊女

既然有花神的崇拜，自然少不了物化的空间祭祀。至清代雍正时期，则出现了祭祀"十二花神"的信仰场所。清乾隆时戏曲家袁栋在《书隐丛说》中记载云：

> 汤若士《牡丹亭》传奇中有花神。雍正中，李总督卫在浙时，于西湖滨立花神庙：中为湖山土地，两庑塑十二神，以象十二月。阳月为男，阴月为女，手执花朵，各随其月，其像坐立欹望不一，状貌如生焉。

花朝节之际、花神庙前，民间广泛存在着游艺性质的民俗活动，祭祀花神的宗教活动，陈牲献乐、扮戏酬神的表演活动。宫廷亦有花朝承应戏，徐珂《清稗类钞·稗一·时令类》载：

> 二月十二日为花朝……即侍孝钦观剧，演花神庆寿事：树为男仙，花为女仙，凡扮某树某花之神者，衣即肖其色而制之。扮荷花仙子者，衣粉红绸衫，以肖荷花，外加绿绸短衫，以肖荷叶。余仿此。布景为山林，四周山石围绕，石中有洞，洞有持酒尊之小仙无数。小仙者，即各小花，如金银花、石榴花是也。

2.4　北京的花神崇拜与花神庙的营建

明清时代，北京地区有多处花神庙，其中尤其以坐落在丰台花乡的花神庙最为知名。

丰台的花神庙复有西庙、东庙之分：位于花乡夏家胡同（纪家庙村北）的花神庙称西庙，草桥东南镇国寺村的花神庙称东庙。

西庙建于明代万历年，由京城各花行及附近花农集资而建，清道光二十三年（1843年）重修。庙门上悬"古迹花神庙"匾，庙南北长约22丈，东西宽约10丈，前殿3间（供奉着13位花神像及牌位）——盖为总花神和十二月花神，后殿3

---

① 姚小鸥、李阳：《〈牡丹亭〉"十二花神"考》，《文化遗产》2011年第4期。
② 傅惜华指出："此钞本系乾隆时梨园故物，于此可窥见当时演唱《堆花》一场之花神，每人均有'报名'。而某种角色扮某神，某神扮相与所持之花样，俱有准则，规律严谨如此，昆剧之价值亦可概见。"

间（供奉真武像），东、西配殿各 14 间。

当地花农不仅捐资修葺庙堂，并建戏台演戏娱神。该庙不仅是花农们祭祀花神的场所，也是丰台附近各处花行同业公会的会馆。

农历二月十二日为花神诞辰，也即"花朝"，北京花农云集此处，进香献花。三月二十九日，附近各档花会照例到此献艺，谓之"谢神"。届时，庙外空地还举办庙会，买卖鲜花、花籽、熏香草花；各色山货、农具、饮食、生活用品等也时有售卖——新中国成立后，花神庙改成北京第五十八中学，今为花神庙小学。

东庙亦建于明代，占地约 3 亩，寺内曾有 5 间大殿和东、西配殿，大殿中供奉三位花神塑像，墙上绘有各种花神像。光绪二十六年（1900 年）被英法联军烧毁。

先农坛西侧的陶然亭，是文人聚集休闲之地，亦有花神庙一座，一名花仙祠，位置在陶然亭中央岛"锦秋墩"山顶，今已无存。据传，该庙建于清康熙年间，"地一亩一房五间"，"里面有十二仙女像"。道光年间，诗人何兆瀛曾有"花仙祠畔吹琼管，尚有何人擪指听"的诗句。

3 花神庙与皇家园林

作为花卉文化的一种，花神崇拜也不可避免地影响到皇家的信仰与园林营建。为保佑皇家园林花卉的繁茂，皇家园林内也择地建造花神庙，供奉花神。现今所知，清代皇家园林内花神庙有五处。

3.1 圆明园"汇万总春之庙"

圆明园花神庙建于乾隆三十四年（1769 年，五月兴工，当年竣工），位于濂溪乐处景区前部。乾隆帝为之题名为"汇万总春之庙"。该庙之营建受杭州西湖花神庙的影响。嘉庆皇帝在后来的题诗中明确提到，该庙"庙制仿西湖"。

汇万总春之庙山门 5 间——山门前辟有码头 1 座，正殿5 间（题额"蕃育群芳"），东、西穿堂殿各 3 间；正殿后为后楼 9 间，名"披襟楼"，内额"香远益清"。

奏销档载，汇万总春之庙室内装修，"山门内正殿添做悬山 5 座，山墩 4 座。与用松木胎骨垛塑，增胎青绿水色青苔，成做花树地景"，紧扣花神的特点与花神崇拜的主题。

汇万总春之庙建成后，每年花朝节，皇帝都会遣派内务府官员致祭。有时皇帝本人也会来庙内拈香。例如嘉庆三年（1798年），嘉庆帝就亲自来庙内拈香，并作《花朝曲》一首。[①]

3.2 避暑山庄汇万总春之庙

乾隆皇帝在关外行宫避暑山庄也曾建有汇万总春之庙一座。该庙与圆明园汇万总春之庙属姊妹建筑，庙的主体结构基本一致；不过，也小有变化，避暑山庄汇万总春之庙未建后楼，而在庙东辟建了一座由俊秀楼、华敷坞、院中假山（其上小方亭）组成的一处围合空间。

汇万总春之庙正殿悬乾隆御笔"蕃育群芳"匾额并挂对一幅；下设红雕漆香亭（香亭内供有花神牌位）和紫檀供桌，供桌上有五供等供器。

华敷坞是皇帝私人祭拜花神的所在，陈设极为考究；俊秀楼则是皇帝进庙拈香时休息之所。

3.3 颐和园花神庙二座

颐和园花神庙位于苏州街北侧山上，光绪十四年（1888年）重修颐和园时增建，坐东朝西，面阔进深均一间，硬山式屋顶，檐下悬挂着"花神庙"的匾额，庙内供奉花神、地神和山神。光绪二十六年（1990 年），八国联军侵略北京时，该庙遭到破坏，1990 年复建。

另，颐和园里的德和园的东侧慈禧太后寿膳房（由寿膳房三所、寿茶房三所、寿药房一所、寿豆腐房一所，又称东八所）靠土山处亦有花神庙一座。

3.4 北京大学慈济寺花神庙

慈济寺花神庙位于北京大学未名湖南岸，大致坐落于今天"临湖轩"到"博雅塔"的位置。该庙青水脊庙门，上悬"蕃育群芳"四个字。入门正殿三间，内塑十二司花之神。两屋山墙及后墙皆绘天女散花故事。殿东为六角双檐亭，五面皆墙，南面为石券门。入内台上塑龙王。

庙北环山遍植杏树及碧桃。每到农历的二月十二都有人到此进香。该庙清末毁于大火，现仅存一座庙门（当年正殿旧址在今"斯诺墓"地方）[②]。

3.5 花神庙碑记

建庙立碑是国人的传统，记录时事，祈求保佑，是建碑的基本目的。

圆明园汇万总春之庙原有"蒔花记事碑"两通，系乾隆十年（1745 年）、乾隆十二年（1747）圆明园数位总管捐资兴建，今均存北京大学燕南园内。今引二座碑文于此，一以见历史资料，二以知时代花神崇拜之情况。

二碑碑额均正书"万古流芳"，十年碑文云：

洪惟我皇上德溥生成、麻徽蕃庑，万几清暇之馀，览庶汇之欣荣，煦群生于咸若，对时育厥功茂焉。

王进忠、陈九卿、胡国泰近侍披庭，典司艺花之事，于内苑拓地数百亩，结篱为圃，奇葩异卉杂蒔其间，每当露蕊晨开，香苞午绽，嫣红姹紫，如锦如霞，虽洛下之名园、河阳之花县不是过也。

① 徐卉风：《圆明园汇万总春之庙与江南民间的花神信仰》，《圆明园研究》第 32 期。
② 《老北京的花神庙》，http://news.china-flower.com/paper/papernewsinfo.asp?n_id=224128。

伏念天地间一草一木胥出神功，况于密迩宸居，邀天子之品题，供圣人之吟赏者哉？！爰引列像以祀司花诸神，岁时祷赛必戒必虔。从此，寒暑益适其宜，阴阳各遂其性，不必催花之鼓、护花之铃，而吐艳扬芬、四时不绝，于以娱睿览、养天和，与物同春，后天不老，化工之锡福岂有量乎？若夫灌溉以时，培护维谨，此小臣之职，何敢贪天之功以为己力也。

乾隆十年花朝后二日，圆明园总管王进忠、陈九卿、胡国泰恭记

由其落款，知碑记作于乾隆十年（1745年）二月十四日。其中的"洛下之名园"盖指北宋李格非（李清照之父）《洛阳名园记》中所记洛阳城郊花园、宅园、别墅等；"河阳之花县"（今河南省焦作市孟州市）。晋代河阳令潘岳于县地遍种桃李，时人有"河阳一县花"之称誉。北周庾信《庾子山集》卷一《枯树赋》："若非金谷满园树，即是河阳一县花。"唐白居易《白氏六帖》卷二十一："潘岳为河阳令，树桃李花，人号曰'河阳一县花。'"

十二年碑文云：

钦惟我皇上德被阳和，幸万几之多暇，休徵时若，睹百卉之舒荣，撷瑞草于尧阶。春生蓂荚，艺仙葩于阆苑，岁献蟠桃，允矣鸿禧，夐哉上界。

彭文昌、刘玉、李裕职在司花，识渐学圃，辟町畦于禁近；插棘编篱，罗花药于庭墀，锄云种月，檀葩粉蕊，烂比霞蒸，姹紫嫣红，纷如锦拆。虽有河阳之树，逊此秋华；宁容洛下之园，方兹清丽。

伏念群芳开谢胥有神功，小草生成咸资帝力，荷荣光于上苑，倍著芬菲，邀宠眄于天颜，益增祷祝，爰事神而列像，时崇报以明禋，必戒必虔，以妥以侑，从此阴阳之协，二十四番风信咸宜，寒燠均调，三百六日花期竞放，何烦羯鼓？连夜催开，岂必金铃？长春永护，于以养天和之煦妪，供清燕之优游，则草秀三芝并向长生之馆，花开四照纷来延寿之宫矣。

乾隆十二年中秋后三日，圆明园总管彭开昌、刘玉、李平恭记。

碑文基本结构皆是先叙述皇帝功德，立碑人身份，后言花神神力佑护、立碑人祈求内容。不过，十二年碑较十年碑更具文采罢了。

丰台花神庙西庙亦有修庙功德碑，碑文起首云：

兹因右安门外丰台者，所属十八村也，中有花王庙，此庙建自圣朝，相传百有余年。此地居民植木养花为业，仰神庥，树木丛生，蕃花茂盛，名园异苑，普被恩泽。

尔来，日久年深，殿堂颓危，金神不辉。襄首枚举司事，偶和众发愿心，捐资乐助，构料兴修巨工。又添盖僧房客舍，并建立戏楼一座。

叙述地点、生产特点、与花神关系、寺庙修葺缘由等，可见与皇家园林花神庙碑文之不同。

4　结语

花神崇拜是中国汉文化圈长期形成并历代传承的民俗信仰，是人们对花卉喜爱、保护、想象而造就的诸多文化中的特别一类。

清代皇家园林聚集了中国数千年花卉布置、引种、养护的经验，是中国数千年花卉文化的集成之作。如何传承皇家园林中的花卉文化，是皇家园林保护管理的基本工作之一。

在了解国人的花卉文化、花神崇拜的基础上，将这种文化展示给社会大众，如何做好这一工作，物化的花神崇拜，也即花神庙的营造与展示，无疑是一个相对感性、直接的手段。以花神庙的营建与宣传，带动花卉文化的传播，带动花卉在人们对美好生活追求过程中发挥作用，并与花卉的科学知识互相配合，无疑是一件有意义的工作。

Garden Flower Use, Flower Worship and Temple for Flowers in Ancient Beijing

Fan Zhi-bin

Abstract: Garden flower use, flower culture and flower worship in ancient Beijing were reviewed. Flower worship in the imperial gardens was conducted in the Temple for Flowers, and inscriptions on the stele were analyzed. It was proposed that flower culture and flower worship were part of Chinese garden culture and should be cared about and carried forward.
Key words: flower culture; flower worship; Temple for Flowers, imperial garden

作者简介

樊志斌 / 男 / 中国人民大学清史硕士 / 曹雪芹纪念馆副研究员 / 研究方向主要为曹学、红学、园林、史地、博物馆等方面

《尔雅注》的传抄错误与脱漏对《诗经》"苕之华"注解的影响

李菁博　邓莲

摘　要：本文通过分析《陆疏》、《诗经集注》及经典本草典籍对《诗经》中"苕之华"的注解。阐明《尔雅注》早期版本由于传抄错误，以及宋刻本大量脱字，致使本属于水生或亲水的草本植物"陵苕"被错误地解释为木质藤本植物"凌霄"的历史缘由。分析几位古代著名学者在此问题上的态度及作用。如朱熹、李时珍采信"又名凌霄"的错误说法，使错误的注释逐渐根深蒂固，影响直至今日。

关键词：陵苕；凌霄；郭璞；朱熹；李时珍

作为我国古代最早的一部诗歌总集，《诗经》记载植物、动物均在百种以上。遵照孔子"多识于鸟兽草木之名"①的教诲，负担着"一物不知，儒者之耻"②心理压力的古代文人，一直十分重视《诗经》鸟兽草木之名的考据。作为我国最早的一部词汇，《尔雅》及其注、疏从古至今一直是《诗经》名物考据的必备工具书。笔者发现对于《诗经》中的"苕之华"及《尔雅·释草》中的"苕，陵苕"的解释，历代学者间存在明显的分歧、矛盾。本文旨在阐明其中的分歧、矛盾，分析原因，并提示学界注意这类问题。

1　对《诗经》"苕之华"注解的古今异同

1.1　《陆疏》对"苕之华"的注释

"苕之华"出自《小雅·苕之华》：

> 苕之华，芸其黄矣。心之忧矣，维其伤矣！

> 苕之华，其叶青青。知我如此，不如无生。
> 牂羊坟首，三星在罶。人可以食，鲜可以饱。③

在众多注解《诗经》中的动、植物古代经学典籍中，以三国时代陆玑④所著《毛诗草木鸟兽鱼虫疏》（以下简称《陆疏》）最为早。

> 苕，一名陵时，一名鼠尾，似王刍。生下泾水中，七八月中，华紫，似今紫草。花可以染皂，罽以沐发，即黑，叶青如蓝而多华。⑤

从陆玑描述苕的生境为"下泾水中"，可知"苕之华"之"苕"是水生植物或是亲水植物。其花紫色，类似紫草，叶如蓝而花更多，除"人可以食，鲜可以饱"之外，还可以用以制作染皂以沐发。

经夏纬瑛、谢宗万等植物学史、药物学史名家考

① 《阳货篇》，《论语译注》第十七，中华书局，1980年，185页。
② （晋）郭璞《尔雅序》，《尔雅》，元大德己亥平水曹氏进德斋刻本，3页。
③ 程俊英、蒋见元《诗经注析》，中华书局，1991年，741-742页。
④ 据夏纬瑛考证应写作"陆机"，参见夏纬瑛《〈毛诗草木鸟兽鱼虫疏〉的作者——陆机》，《自然科学史研究》1982年第1卷第2期，6-8页。
⑤ 罗振玉《毛诗草木鸟兽虫鱼疏新校正》，《罗振玉学术论著集》第四集，上海古籍出版社，2010年，231页。

证，古籍中的"紫草"为现代植物分类学中紫草科的紫草（*Lithospermum erythrorhizon*）[1]。据《本草纲目》记载"蓝"有5种，分别为蓼蓝、菘蓝、马蓝、吴蓝、木蓝[2]，以属于蓼科的蓼蓝（*Polygonum tinctorium*）[3]应用历史最悠久，在我国南北都有分布。

通过上述分析可知"苕之华"中"苕"是水生或亲水植物，是花类似紫草科紫草的花，而叶类似蓼科蓼蓝的草本植物。

1.2　近、现代对《诗经》"苕之华"的注释

近、现代对《诗经》注释，多将"苕之华"中的"苕"解释为凌霄这种木质藤本花木。例如由上海古籍出版社出版，发行量大、影响广的程俊英、蒋见元注释《诗经注析》对"苕之华"注释：

> 苕（tiáo 条），植物名。又名陵苕、凌霄。陈奂《传疏》："奂在杭州西湖葛林园中见陵苕花，藤本蔓生，依古柏树，直至树头。五六月中花盛黄色，俗谓之凌霄花。"[4]

1.3　朱熹对"苕之华"的注释

从三国时代《陆疏》将"苕之华"解释为一种水生或亲水植物，到近、现代被解释为耐旱的木质藤本植物凌霄，造成如此巨大差异的直接缘由在于朱熹对"苕之华"的注解。

朱熹《诗经集注》"苕之华"条目：

> 苕，陵苕也。本草云：即今之紫葳，蔓生附于乔木之上，其华黄、赤色，亦名凌霄。[5]

朱熹将"苕之华"、"苕陵苕"注释为"紫葳"、"凌霄"。由于朱熹是宋代的儒学集大成者，有"朱子"的尊称，其对《诗经》的注释具有权威性，乃至于具有排他性，对从明、清至近、现代的经学注释、考据有着极其深远的影响。由此本属于水生草本植物的"苕之华"，被固定地解释为木质藤本凌霄花。

朱熹《诗经集注》的影响在日本也十分深远。日本江户时期著名诗经名物考据著作《毛诗名物图考》[6]，其所绘的"苕"明显是凌霄（*Campsis grandiflora*）（图1）。朱熹对"苕之华"做出错误解释的原因，下文将逐步阐述。

图1　"苕之华"插图
（图片来源：摘自《毛诗名物图考》）

2　历代本草对"苕之华"及紫葳（凌霄）的注释

历代本草中一直没有"苕"的条目，但是自《神农本草经》至《本草纲目》都收录有紫葳（凌霄），其中涉及"苕之华"的注解参见表1。

历代本草典籍对紫葳及"苕之华"的注释　　　　表1

本草典籍	紫葳条目中涉及"苕之华"的注解
《神农本草经》	紫葳，味酸，微寒。主妇人产乳余疾；崩中；癥瘕血闭，寒热羸瘦；养胎。生川谷[7]
《吴氏本草经》	紫葳，一名武威，一名瞿麦，一名陵居腹，一名鬼目。一名芰华[8]
《本草经集注》	紫葳，味酸，微寒，无毒。主妇人产乳余疾，崩中，症瘕，血闭，寒热，羸瘦养胎。茎叶：味苦，无毒。主痿蹶，益气。一名陵苕，一名芙华。生西海川谷及山阳。《诗》云有苕之华，郭云凌霄（藤），亦恐非也[9]
《新修本草》	（谨案）此即凌霄也，花及茎叶俱用。案《尔雅·释草》云：苕，一名陵苕，黄华蔈，白华茇（尖）。郭云：一名陵时，又名凌霄。本草云：一名陵苕，一名芙华。即用花，不用根也。山中亦有白花者……郭云凌霄，此为真说也[10]
《图经本草》	隐居云：诗有苕之华；郭云：凌霄。又苏恭引《尔雅·释草》云：苕，陵苕。郭云又名凌霄。按今《尔雅注》：苕，一名陵时。本草云而无凌霄之说。岂古今所传书有异同邪？……陶、苏所引是以陵时作陵霄耳。又凌霄非是草类，益可明其误矣[11]
《本草纲目》	（时珍曰）按吴氏本草：紫葳一名瞿陵。陶弘景误作瞿麦字尔。鼠尾止名陵翘，无陵时，苏颂亦误矣。并正之[12]

① 夏纬瑛《植物名释札记》，农业出版社，1990年，261页。
② （明）李时珍《本草纲目（新校注本）》卷十八，华夏出版社，2008年，748页。
③ 谢宗万《本草纲目药物彩色图鉴》，人民卫生出版社，1999年，133页。
④ 《诗经注析》，741页。
⑤ （宋）朱熹《诗经集注》卷五，世界书局，民国32年（1943年），136页。
⑥ （日本）冈元凤《毛诗名物考》卷二，中国书店根据清光绪丙戌年上海积山书局版影印，1985年，7页。
⑦ （清）顾观光辑，杨鹏举校注《神农本草经》，学苑出版社，2007年，190页。
⑧ 《吴氏本草经》，48页。
⑨ （梁）陶弘景《本草经集注（辑校本）》，人民卫生出版社，1994年，305-306页。
⑩ （唐）苏敬《新修本草（复辑本）》，安徽科学技术出版社，1981年，332页。
⑪ （宋）唐慎微撰《重修政和经史证类备用本草》，据蒙古定宗四年（1249年）平阳张存惠晦明轩刻本影印，人民卫生出版社，1957年，327页。
⑫ 《本草纲目（新校注本）》卷十八，862页。

从现存的历代本草典籍的文本分析，紫葳与《诗经》中的"苕之华"有紧密的联系，但不同时代学者的观点是不一致的，乃至于截然相反。

例如在南北朝时期编纂《本草经集注》的陶弘景认为：苕之华就是紫葳，但与郭璞所提的凌霄并非一物。相反，从唐代《新修本草》注释："郭云凌霄，此为真说也。"可知《新修本草》的著者苏敬同意："苕之华"中的"苕"、"陵苕"与紫葳及凌霄是同一物。

但是到宋代苏颂编纂《图经本草》时，又再一次推翻前人的观点。苏颂发现宋代的《尔雅注》中并没有"郭云凌霄"或"又名凌霄"一句。由此怀疑宋代《尔雅注》与南北朝、唐代的版本有差异。苏颂认为在传抄过程中"陵时"被错误传抄为"凌霄"，并坚定地认为凌霄属于木本，而苕是草类，两者必定不属于一物。

时至明代"搜罗百氏，考证古今"编著《本草纲目》的李时珍，在"紫葳"条目中转引了上述诸家本草的著述，在"正误"下又提出自己鲜明的观点。其否定陶弘景和苏颂的观点，认同"苕之华"就是指凌霄花，并解释由于传抄中的错字引起陶氏和苏颂对"苕"、"紫葳"、"凌霄"的关系的错误解释，但是没有说明"凌霄"一名来历，因此并不能充分自圆其说，而且他也没讨论《尔雅注》的古今版本问题。

综上所述，上述我国古代本草学名家既注重参考前人著述，又强调亲眼验证。之所以会产生解释的分歧、矛盾，一方面源于不同朝代中药种类同名异物，有兴有废[1]，如李时珍感叹古人不知莎草与香附子是一物："此乃近时日用要药，而陶氏不识，诸注亦略，乃知古今药物兴废不同。"[2]另一方面，他们所参考的主要工具书，例如《尔雅注》的不同时代版本差异，也应该是引起上述异同、矛盾的原因之一。

3 《尔雅注》版本比较、分析

《尔雅》是我国最早的一部词汇，而对《尔雅》注释以晋代郭璞所著的《尔雅郭注》最为著名。《尔雅》现存最早版本是西安碑林内的唐代开成石经，但仅有《尔雅》单经，无注、疏。自汉代以来对《尔雅》进行注释的历代学者很多。在郭璞之前分别樊光、刘歆、犍为文学、李巡、孙炎五家注《尔雅》，但早已亡佚。[3]郭璞后又有众家注释《尔雅》，唯《尔雅郭注》流传最广，影响最大，现代所提《尔雅注》就

是指《尔雅郭注》。

而现存《尔雅郭注》以宋刊本最早[4]。笔者查阅了宋、元、明时期的6个《尔雅郭注》善本[5]，包括"影覆宋大字本"、"景宋小字本"、"铁琴铜剑楼藏宋刊本"、"元雪窗书院刻本"、"元大德已亥平水曹氏进德斋刻本"（"元刻巾箱本"）、"明嘉靖吴元恭仿宋刻本"的扫描件或影印刊行本。发现上述所有《尔雅郭注》善本对于"苕陵苕"的注释是完全一致，在"本草云"后有脱漏。

苕，陵苕。一名陵时，本草云。
黄华蔈，白华茇。苕华色异名，亦不同，音沛。[6]（图2）

笔者查阅国图所藏《尔雅注疏》元、明、清代的多个善本，同样是在"本草云"后有脱漏。再查阅清代的多个辑佚本、校勘本、补正本如《尔雅汉注》、《尔雅古义》、《尔雅补郭》等，依然有此脱漏问题。由此说明自宋代以后《尔雅郭注》版本在"苕陵苕"条目在"本草云"后均有脱漏，正如苏颂所说"本草云而无凌霄之说"。且至今尚无人复辑以补脱漏。

从南北朝时期成书《本草经集注》的记载可知，当时流传的《尔雅注》在"苕陵苕"条目中有郭璞注文"又名凌霄"，但是陶弘景并不认同郭璞"苕之华与凌霄为同一物"的说法。但是在唐代苏敬却认同郭璞的说法。而时至宋代，苏颂所查阅的《尔雅注》已经没有"又名凌霄"的郭氏注文，由此怀疑《尔雅注》版本古今有差异。但朱熹似乎找到有"又名凌霄"注文的老版本《尔雅注》，并采信了"苕之华又名凌霄"的观点。而距今最近的李时珍，与我们一样也只能看到脱漏"又名凌霄"的《尔雅注》版本。由此，笔者推断大约在宋代《尔雅注》"苕陵苕"条目在传抄翻刻过程中，脱漏了"又名凌霄"。不同朝代的学者参照着无脱漏、有脱漏的各异版本，必然引起相互间的对"苕之华"解释的分歧。

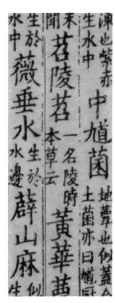

图2 《四部丛刊》影印《尔雅》"铁琴铜剑楼藏宋刊本"

① 李菁博《山扁豆古今考——兼论植物名的张冠李戴现象》，《中华医史杂志》，2016年第46卷第3期，149-153页。
② 《本草纲目（新校注本）》卷十八，615-616页。
③ 顾廷龙，王世伟《尔雅导读》，中国国际广播出版社，2008年，60页。
④ 黄毓仪《〈尔雅郭注〉版本考略》，《古籍整理学刊》，1989年第2期，30-33页。
⑤ 董恩林《〈尔雅郭注〉版本考》，《文献季刊》，2000年第1期，56-63页。
⑥ （晋）郭璞《宋监本尔雅郭注》卷下，故宫博物院，民国20年，6页。

4　错误原因分析

从上述对文献资料的分析，可知大约在宋代《尔雅注》中"苕陵苕"条目脱漏了"又名凌霄"等字句，引起了从宋代到现代对《诗经》"苕之华"理解、注释的分歧、矛盾。目前所见的《尔雅注》与历代本草的刻本最早只见宋刻本，不能完全反映《尔雅注》的"苕陵苕"条目脱漏的全貌。但笔者判断发生脱漏的原因，并非由于抄录、刻印的疏忽，而是由宋代编辑刻印经书的大儒、出版商、负责人故意删除的。当时编译校对《尔雅注》的学者发现"凌霄"为木质藤本，而"苕之华"为亲水的草本植物，两者明细不属于一物，故删除以免矛盾。但注释诗经的著作，依然沿用朱熹采信"苕之华""又名凌霄"的观点。

为何在宋代以前的《尔雅注》中会有"又名凌霄"的注释？最大的可能是郭璞或后世的抄录者，将苕、陵苕的另一别名"凌翘"被误抄为"凌霄"。"陵"与"凌"同音，"翘"与"霄"读音十分接近。

"陵翘"本是鼠尾（草）的别名，宋代郑樵在《昆虫草木略》中记述：

> 鼠尾草曰葝，曰陵翘，曰乌草，月水青。可以染皂。《尔雅》："葝，鼠尾。"①

参见《政和本草》"紫葳"条目转引《图经本草》：

> 苕一名陵时，陵时乃是鼠尾草之别名。②

上述论据已经证实"陵苕"与"鼠尾（草）"都具有相同的别名"陵时"，又具有相同功效"染皂沐发"。由此说明"陵苕"与"鼠尾（草）"属同一类植物，也必然共用"陵翘"这个植物名。但是随着社会历史的发展，"陵翘"这个植物名已经被遗忘、遗弃，所以"凌霄"最终代替了"陵翘"，引起了后世学者间的混乱、纷争。

5　总结与讨论

汉语语言文字流传数千年，一直是变化发展的，如"陵苕"、"陵时"、"陵翘"等植物名早已被弃用，后人不知其为何物。即使"苕"在今天虽被使用，如"苕子"指可以做牧草、绿肥作物的一类豆科植物。这个"苕"来源于《诗经》中的"邛有旨苕"，而非"苕之华"。后人不解"苕之华"为何种草木，需要学者参考《陆疏》、《尔雅注》等经学著作以考据、注释。

如本文所分析的晋代郭璞所注释的《尔雅》注本在传抄过程中的错字、遗漏等错误，例如将"陵翘"误抄作"凌霄"，一字之差便谬以千里，误导了苏敬、李时珍等本草名家及儒学集大成者朱熹，将水生或亲水的草本植物"陵苕"，解释为木质藤本"凌霄"。即使陶弘景、苏颂等人发现版本间的差异，认识到"陵苕与凌霄恐非一物"，却限于参考资料有限，不能正本清源。致使错误解释逐渐根深蒂固。

郭璞是中国古代最成功的"多识于鸟兽草木之名"的博物学者，其对《尔雅》的注释对后世影响极其深远。但郭氏的注解也有瑕疵，如将美丽的蜉蝣，解释为粪土中生活的蛣蜣虫③。朱熹是宋代儒学集大成者，但并不是一位成功的博物学者，虽然在注释《曹风·蜉蝣》时，他没再提及蛣蜣虫④，但是其注释《小雅·苕之华》时，采信"又名凌霄"的错误说法，以致谬误流传至今。李时珍"岁历三十稔，书考八百余家"，编著《本草纲目》，但是仅就其在"紫葳"、"鼠尾"条目的记述，反映出其对《陆疏》、《尔雅注》等涉及草木名考据的经学著作的熟悉和理解程度，远不及陶弘景、苏颂，从中也体现一位屡试不中的医者与"山中宰相"、"宰相科学家"在学术功底上的差距。但是由于自明、清以来《本草经集注》《图经本草》等经典本草著作原书已经亡佚，《本草纲目》成为明、清以来最主流的本草著作，其中的错误自然也影响医药学界至今。上述朱熹、李时珍在"多识于鸟兽草木之名"方面的学术瑕疵，应当引起学术界的注意。

---

① （宋）郑樵《昆虫草木略》，《通志二十略》第二十，中华书局，1995 年，2001 页。
② 《重修政和经史证类备用本草》，327 页。
③ 《宋监本尔雅郭注》卷三，12 页。
④ 《诗经集注》卷五，69 页。

主要参考文献

[1]（晋）郭璞.尔雅[O].元大德己亥平水曹氏进德斋进刻本，国家图书馆藏.
[2]程俊英、蒋见元.诗经注析[M].北京：中华书局，1991.
[3]罗振玉.罗振玉学术论著集[M].上海：上海古籍出版社，2010.
[4]夏纬瑛.《毛诗草木鸟兽鱼虫疏》的作者——陆机[J].自然科学史研究，1982，1（2）：6-8.
[5]夏纬瑛.植物名释札记[M].北京：农业出版社，1990.
[6]（明）李时珍.本草纲目（新校注本）[M].北京：华夏出版社，2008.
[7]谢宗万.本草纲目药物彩色图鉴[M].北京：人民卫生出版社，1999.
[8]（宋）朱熹.诗经集注[O].上海：世界书局，民国32年（1943年）.
[9]（三国）吴普撰，尚志钧辑校.吴氏本草经[O].北京：中医古籍出版社，2005.
[10]（清）顾观光辑，杨鹏举校注.神农本草经[O].北京：学苑出版社，2007.
[11]（梁）陶弘景撰，尚志钧辑校.本草经集注（辑校本）[O].北京：人民卫生出版社，1994.
[12]（唐）苏敬.尚志钧辑校.唐·新修本草（复辑本）[O].安徽科学技术出版社，1981.
[13]（宋）唐慎微撰.重修政和经史证类备用本草[O].据蒙古定宗四年（1249年）平阳张存惠晦明轩刻本影印，北京：人民卫生出版社，1957.
[14]（日本）冈元凤.毛诗名物考[O].根据清光绪丙戌年上海积山书局版影印，北京：中国书店，1985.
[15]李菁博.山扁豆古今考——兼论植物名的张冠李戴现象[J].中华医史杂志，2016，46（3）：149-153.
[16]顾廷龙、王世伟.尔雅导读[M].北京：中国国际广播出版社，2008.
[17]黄毓仪.《尔雅郭注》版本考略[J].古籍整理学刊，1989，（2）：30-33.
[18]董恩林.《尔雅郭注》版本考[J].文献季刊，2000，（1）：56-63.
[19]（晋）郭璞.宋监本尔雅郭注[O].北京：故宫博物院，民国20年（1931年）.
[20]（晋）郭璞.尔雅注疏[O].北京：北京大学出版社，1999.
[21]王国维.五代两宋监本考[M].台北：台湾商务印书馆，民国65年（1976年）.
[22]（宋）郑樵.通志二十略[O].北京：中华书局，1995.
[23]尚志钧.中国本草要籍考[M].合肥：安徽科学技术出版社，2009.

Inaccurate Editions of *Er Ya Zhu* Influenced on Explaining of the *Tëaou Che Hwa* among *the She King*

Li Jing-bo   Deng Lian

Abstract: Misexplaining about the plant of *Tëaou che hwa* among the *She King* (*Classic of Poetry*, also *Shijing* or *Shih-ching*), the oldest existing collection of Chinese poetry, was derived from mistakes in the process of transcribing by hand and omissions in the course of block printing the annotations version of *Er Ya*, the oldest surviving Chinese dictionary or Chinese encyclopedia. This misexplaining misdirected several prominent scholars such as Zhu Xi (Chu Hsi), the most influential Confucian scholar in Song Dynasty, and Li Shizhen, the author of *Ben Cao Gang Mu* in Ming Dynasty, and impacted as yet. So it is important to reminder the academic circle this kind of issues about Chinese ancient books.

Key Words: Ling Tiao; Chinese Trumpet Creeper; Guo Pu; Zhu Xi; Li Shizhen

作者简介

李菁博 /1980年生 / 男 / 北京人 / 中国科学院大学博士生 / 北京市植物园 / 高级工程师 / 研究方向植物、本草、农业史
邓莲 / 女 / 北京人 / 北京市植物园 / 高级工程师

综合资讯

1. "白云之乡——新西兰国家公园的故事展"在中国园林博物馆开幕

2017年9月16日，由中国园林博物馆、新西兰林肯大学、北京林业大学共同主办，北京自然博物馆、中国科学院植物研究所标本馆、清华大学、北京朴信文化传播有限公司协办的"白云之乡——新西兰国家公园的故事展"在中国园林博物馆开幕。展览通过近400余件涵盖新西兰不同历史时期的动植物标本、毛利人用具、13座国家公园管理档案及工具等展品，配合场景还原、影音等数字展示方式，综合为观众展现新西兰国家公园的历史脉络、自然生态、景观特色、人文特征、管理体系等内容，为公众提供了一次比较全面了解新西兰国家公园的机会，同时也为风景园林工作者提供一个借鉴其建设、保护、开放、管理等方面成功经验和做法的平台。展览持续至2017年11月26日。

2. 中国——新西兰国家公园建设研讨会在北京林业大学召开

2017年9月17日，"中国——新西兰国家公园建设研讨会"在北京林业大学召开，研讨会由北京林业大学、中国园林博物馆、新西兰林肯大学和清华大学联合主办，由北京林业大学园林学院和《风景园林》杂志承办。此次研讨会通过主题演讲、专题讨论等形式，从国家公园建设理论及政策、实践操作、案例剖析、发展启示等多个角度，探讨国家公园建设思路，为我国国家公园建设发展提供了借鉴。

3. "从瓷器看中国园林的欧洲影响展"在法国肖蒙城堡开幕

法国当地时间2017年9月23日，由中国园林博物馆与法国卢瓦尔河畔肖蒙领地主办，北京圆明畅和文化发展有限公司协办的"从瓷器看中国园林的欧洲影响展"在法国肖蒙城堡开幕。此次展览精选园博馆66件套馆藏文物，系统而全面地展示中国明清外销瓷的输出及17世纪中叶至19世纪欧洲仿制的瓷器，同时这也是园博馆馆藏文物第一次走出国门。展览持续至2017年12月26日。

4. "世纪英杰写豪情——李苦禅书画艺术展"在中国园林博物馆开幕

2017年9月23日，"世纪英杰写豪情——李苦禅书画艺术展"在中国园林博物馆开幕。展览由中央文史研究馆、中国美术家协会、中国国家画院、北京画院美术馆、中国国际广播电台、李燕工作室、中国园林博物馆共同主办，北京皇家园林书画研究会与北京泉林艺苑文化艺术有限公司协办。画展遴选李苦禅先生自20年代中后期至80年代初的代表作品60余件，展示中国传统绘画的灿烂文化和辉煌成就，弘扬中国传统绘画艺术与园林文化，让广大观众通过画家笔下的自然，走进画中花鸟石木的意境，对中国传统园林山水文化有更深刻的认识。展览持续至2017年12月27日。

5.《北京城市总体规划（2016~2035年）》获批

2017年9月27日，中共中央国务院关于对《北京城市总体规划（2016-2035年）》的批复提出，北京将严控城市规模，疏解非首都功能，常住人口规模到2020年控制在2300万人以内，同时高水平规划建设城市副中心，深入推进京津冀协同发展，发挥北京的辐射带动作用，打造以首都为核心的世界级城市群，并全方位对接支持河北雄安新区规划建设，建立便捷高效的交通联系。

6. "让文物活起来——京津冀、长三角、珠三角博物馆高峰论坛"在中国园林博物馆召开

2017年11月13日，"让文物活起来——京津冀、长三角、珠三角博物馆高峰论坛"在中国园林博物馆召开，数十位博物馆馆长围绕新时代文物在博物馆中的保护应用、如何激发文博事业新活力、博物馆文创、博物馆数字化、跨区域合作、馆校合作等主题展开讨论。论坛由《博物苑》杂志社、北京博物馆学会、广东省博物馆、南京博物院共同主办，中国园林博物馆承办，共320余名文博从业人员参与论坛。单霁翔院长与现场百余人分享了近年故宫在观众服务、文物保护与修复、博物馆数字化、文创产品开发、教育、展览等方面工作的探索，以及在文博行业之间、国际之间交流合作的经验与做法。

7. 中国园林博物馆推出园林文化展示系列活动

2017年11月18日，中国园林博物馆举办"共赏唐韵万花"传统插花艺术交流活动，开展"神工意匠——徽州古建筑雕刻艺术展"，邀请著名书画家现场展示大写意书画作品，让观众近距离了解和感受中国传统艺术与园林文化交相辉映的魅力。邀请插花艺术家王莲英、郑青、贾军开展唐代传统插花主题学术交流讲座，打造10余组传统插花艺术作品，展现唐朝插花的艺术特色与文化内涵，共赏唐韵万花，尽览中国传统插花在唐代绽放的灿烂文化。国家非物质文化遗产中徽州三雕技艺历史悠久，以精湛的雕刻技艺和不朽的艺术价值，在国内外享有很高的声誉。在园博馆展示了其独具特色的砖雕、木雕、石雕。

8. 全国重点文保单位第27次业务研讨会在杭州举办

2017年11月20日，全国重点文物保护单位（部分）第27次业务研讨会在杭州开幕。会议主题为"精细化管理 科学化保护——激活文化遗产生命力"。来自上海豫园管理处、北京市颐和园管理处、中国园林博物馆等20余家全国重点文物保护单位近百位专家参加，就文物的保护与管理、研究与传承、开发与利用等问题展开学术研讨和经验交流，共商文物保护良策，切实加大文物保护力度，推进文物合理适度利用，为文物保护事业作出新的贡献。

9. 2017年北京保护古墓葬3000座 勘探总面积相当于3090个足球场

2017年北京市共开展考古勘探183项，勘探总面积达2206万㎡，相当于3090个足球场。考古发掘67项，发掘面积66000㎡，相当于9个足球场。保护各时期古代墓葬3000座、窑址140座、灰坑905座、房址30座、井140口、道路16条。出土文物共计1万余件（套），包括陶器、瓷器、铜器、银器、金器、玉器等。这些考古新发现，是建设"一城三带"的重要文化内容，擦亮了北京深藏在地下的文物遗产金名片，对于推动全国文化中心建设具有重要的意义。其中，通州副中心的考古发现，是建设"大运河文化带"的重要内容；大兴新机场、圆明园、房山河北镇等地的考古成果，为建设"西山—永定河文化带"发掘了新的内涵；延庆世园会处于"长城文化带"和

"西山—永定河文化带"的结合地带，发掘成果为研究历史上北京地区民族交融等方面提供了重要的资料。

10. 圆明园考古发掘出保存最为完好的园林遗址

如园位于圆明园之一的长春园东南一隅，是长春园内五园（如园、茜园、小有天园、鉴园、狮子林）中规模最大的园中园，南有过街楼与熙春园相通，占地 1.9 万 m^2，建筑面积 2800m^2，于乾隆三十二年（1768 年）建成。2012 年，北京市文物研究所对如园进行了第一期考古发掘工作。2016 年 10 月，如园遗址第二期考古发掘工作启动，发掘面积 2000m^2。已发掘清理出的延清堂、观丰榭、含碧楼、引胜轩、挹霞亭、宫门等建筑遗址，以及道路、假山、湖池泊岸、码头等清晰可辨，如园遗址整体布局首次被揭开。在历时两年的考古发掘中，考古人员基本摸清了如园遗址在嘉庆时期的布局、形制和工程做法，发掘出延清堂、含碧楼等主要建筑的台基、柱础、墙基和完整的路网、水系，并出土了嘉庆御笔石刻、粉彩地砖、金砖、葫芦范等上千件文物，以及大量的过火遗迹。如园路网完整，各建筑之间均有甬路相连，甬路由方砖铺设的路面和鹅卵石铺砌的散水组成，散水的个别部位还铺成花卉图案；甬路上有过水沟，方便雨水流通。这是古人智慧的结晶，代表着清代建筑的高水平。

图书在版编目（CIP）数据

中国园林博物馆学刊 04 / 中国园林博物馆主编 .
北京：中国建筑工业出版社，2018.3
ISBN 978-7-112-21855-4

Ⅰ . ①中… Ⅱ . ①中… Ⅲ . ①园林艺术—博物馆事
业—中国—文集 Ⅳ . ① TU986.1-53

中国版本图书馆 CIP 数据核字（2018）第 035377 号

责任编辑：杜　洁　兰丽婷
责任校对：李美娜

中国园林博物馆学刊 04

中国园林博物馆　主编
*
中国建筑工业出版社出版、发行（北京海淀三里河路9号）
各地新华书店、建筑书店经销
北京点击世代文化传媒有限公司制版
北京富诚彩色印刷有限公司印刷
*
开本：880×1230毫米　1/16　印张：5¼　字数：210千字
2018年2月第一版　2018年2月第一次印刷
定价：48.00元
ISBN 978-7-112-21855-4
　　（31777）